高等学校建筑学专业前沿课程系列教材

李振宇 等 著

Li Zhenyu et al.

共享建筑学导论

Introduction to Sharing Architecture

中国建筑工业出版社

序 言 Ⅰ

Forewords Ⅰ

吴志强
中国工程院院士
同济大学建筑与城市规划学院
名誉院长、教授

2022元旦期间，读毕李振宇教授带领团队的研究生课程讲稿《共享建筑学导论》书稿，即复：此乃2022新年里最好之享受。记得5年前，振宇院长找我谈"共享建筑学"的基本思路，即被此建筑开拓性研究方向的创新力感染。现代建筑若从包豪斯以降，发展至今百年，从"形式追随功能"，经"建筑的矛盾性和复杂性"，至"生态城市、绿色建筑、数字设计、遗产保护"，建筑学的基本思考无不随着社会意识、技术迭代而变迁。

今日，大数据、智联网、移动端、云计算、区块链、电子币可谓风起云涌，促成"共享理念""共享生活"和"共享经济"，而承载其诞生的母体即为"共享空间"。由此"共享空间"如何建构？如何思考其本质？数字空间是建筑学对象吗？如何剖析其要素？如何把握其组合规律？何以区别共享建筑学与建筑学已有积累各子学？共享空间与共享建筑学未来走向？

建筑功能与生活方式自文明诞生至今从未停止过交互，建筑学理论与空间构成要素自建筑学诞生至今从未停止过交互，建筑学方法与空间生产技术也自建筑学诞生至今从未停止过交互。此三层交互正是推进建筑学的自身主题理论（建筑学是什么）、建筑思想方法（建筑学怎么思考）、建筑设计逻辑（怎么做设计）、建筑建造技术（怎么建造空间）和建筑客体规律（人与空间如何交互）这建筑学的五大根本问题的动力。

5年前给振宇教授建议：要坚持用5到10年持之以恒，形成"共享建筑学"开创性的学说和逻辑，产生有学术理论意义的创建。几年过去了，李振宇团队做的教学、研究、实践确属围绕着"共享建筑学"形成了系统的理念，提出有价值的方法，对"形式追随共享"作出了可以自洽的诠释，非常令人欣慰，引起了学术界关注。作为建筑学教师，振宇教授在发表了一系列富有创新性的相关论文后，

Wu Zhiqiang

Academician of Chinese Academy of
Engineering
Honorary Dean, Professor, College
of Architecture and Urban Planning,
Tongji University

即将出版第一本关于"共享建筑学"的教材，以此对青年学生有更多的启发，这种教书育人的情怀，也是让人感动的。

我和振宇相识多年，在学科建设、人才培养、专业实践以及生活态度上，有诸多的共鸣。记得2000年，我重访柏林工大时遇见正在留学的振宇，他意气风发，热情洋溢。于是有了一次彻夜长谈，对学院和学科发展的未来有了共同的美好憧憬。今天看来，这些憧憬大部分都得以实现。这当然是同济大学建筑与城市规划学院几代人努力的结果，也有振宇老师20年来付出的辛劳和智慧。我们一起在同济大学共事多年，振宇协助我为建筑与城市规划学院、中德学部等部门的发展作出了出色的贡献；尤其在国际合作和学科建设方面，富有开创性和想象力，富有团结协同的能力。他视野开阔，学问通达，学解中西，一直有美美与共、与人共享的精神。本着这样的精神来研究"共享建筑学"，应该是再合适不过了。

李振宇教授和团队成员在教学和设计实践中，提出"白话建筑、类型贡献"的目标，倡导"共享建筑学"。在近年来的系列设计作品中，反映了"形式追随共享"的思考逻辑；在本科生和研究生专业教学中，开始系统地运用共享理论来进行设计方法的拓展，收到了很好的效果。我相信，这本全新的《共享建筑学导论》能为建筑学研究生进行专业学习提供非常有益的帮助。书中提出的主要理念和观点，具有很好的发展前景，将会产生重要的学术影响。在此，祝愿共享建筑学的研究不断取得新的成绩！

吴志强

中国工程院院士

同济大学建筑与城市规划学院名誉院长、教授

2022年春于天安

序 言 II

Forewords II

诸大建
同济大学特聘教授
同济大学可持续发展与管理研究
所所长
同济大学学术委员会副主任

振宇教授带领研究团队搞了 5 年的共享建筑学要出书了，请我写一个序。我不是搞建筑的，但是对共享经济研究有兴趣，写点非专业、发散性的话供参考。

我经常说，在大学当教授做学者，不管理工科还是人文社科，资深一跃是从技术性的专家变成有自己概念和方法的思想者。当振宇教授开始研究共享建筑学的时候，听他作演讲，读他的文章，我有这样的感觉。现在看到《共享建筑学导论》一书，觉得讨论技术问题的背后是思想。

我对共享经济特别是对共享出行感兴趣，是因为研究循环经济，发现最高效的绿色是物品和服务的共享，欧洲人把这叫作产品服务系统（Product Service System，PSS），即共享可以使得人们能够用较少的物质占有和消耗实现生活效用和满意度的最大化。可持续发展倡导的新设计，其要害就是要将共享经济和产品服务系统的思想，渗透到吃、穿、住、行、用等物品和服务的设计，以及大大小小的空间规划之中去。

物品和服务，一般可以按照私人和公共、共享和非共享，建立二维矩阵分出四种类型。例如，空间场所可以分出非共享的纯私人空间、非共享的公共空间（例如不对外开放的城市绿地、保护建筑等）、私人的共享空间（例如社区花园、共享办公等）、公共的共享空间（例如街头咖啡空间、马路上的共享单车停车点）等。其中，介于非共享纯私人空间和非共享公共空间之间的两种类型就是共享空间。研究共享空间是可持续性空间研究的前沿。值得强调的是，发展共享空间，不仅具有控制空间规模和提高空间效率的意义，而且具有弘扬空间正义的意义。

振宇教授的共享建筑学，看起来属于上述共享空间的研究范畴。他说，从专属到共享，这很有可能是建筑学在 21 世纪最显著的改变之一。以此为出发点，他提出了共享建筑学的基本概念和建筑案例，包括共享建筑有全民共享、让渡共享、

Zhu Dajian
Distinguished Professor, Director
of The Institute of Governance for
Sustainability, Vice Chairman of
the Academic Committee of Tongji
University

群共享三个阶段、三种模式，操作表现有分层、分隔、分时、分化等四种形式，等等。

　　共享经济的崛起是最近 10 年左右发生的事情，目前有关共享交通和共享出行的研究比较多，其他领域的研究相对比较少。很高兴共享建筑学这样具有前沿性和探索性的研究，是由振宇教授这样的同济大学学者倡导起来的。

诸大建
同济大学特聘教授
同济大学可持续发展与管理研究所所长
同济大学学术委员会副主任
2022 年 3 月 10 日

序 言 III

Forewords III

李翔宁
同济大学建筑与城市规划学院
院长、教授

　　现在呈现在诸君面前的这本《共享建筑学导论》是基于对 20 世纪以来变动不居的现代社会的宏观智识和深刻洞见，对于建造和建成环境最新趋势的把握与提炼，为我们揭示了当代建筑文化和思想向前迈进一大步的可能路径——"共享"，作为"实用、坚固、美观"和"绿色"之外的新的建筑原则。

　　建筑作为社会政治经济和文化的一种物质呈现，从它诞生伊始便参与着界定某种关系：或者是人和自然界的关系，建筑按照劳吉尔的定义源自一种类似树枝的构筑，能为人类挡风遮雨、御寒取暖并免受野兽的攻击；或者是人和人的关系，建筑作为私有社会的一种物品，具有所有权属的特征从而界定着"我"和"他者"之间的鸿沟。马克思说人是一切社会关系的总和，而建筑或许也在物质和建造的层面将这些林林总总的社会关系固化下来。

　　关于共享的理念并不是当代人独有的。20 世纪初最伟大的考古发现表明，远在希腊和罗马之前的西方文明的母体——米诺斯文明的克诺索斯宫，精美的房屋殿宇与院落花园就不仅仅是供皇室成员享有，普通公民也有资格居住。在西方文明的源头就有了跨越身份地位能够共享的建筑资源。20 世纪以来科学技术的发展在为我们创造了先进舒适的居住环境的同时，战争、文化和种族的冲突、资本对公共领域的侵蚀，都没有让我们能够真正将一种共享的理念贯彻在建造和栖居的过程之中。

　　进入 21 世纪以来，正如李振宇教授在本书中敏锐地观察到的，随着互联网技术、计算机信息技术、算法和数字建造、电子商务和网上支付、共享经济的蓬勃发展，都为人类打破萨特"他人即地狱"的悲观论断，为建筑创造一个真正从所有权、使用权到经营、管理权等全方位可共享的机制带来了前所未有的曙光。本书不仅回顾了建筑共享的历史，更提出了共享建筑学的理论架构和实现路径。

Li Xiangning

Dean, Professor, College of
Architecture and Urban Planning,
Tongji University

当然这种建筑的共享绝不限于人与人的共享，而是包括了人与人，人与动物、植物乃至整个自然界的共享。我们的团队目前正在参与的南京红山动物园的策划和规划，是尝试着创造人和动物、植物共享的建筑和建成环境，正是受到李振宇教授共享建筑学思想的触动和启发。当然，他的共享建筑学还有更大的潜能，当下正炙手可热的元宇宙概念是否可以为人类在另一个空间维度中创造一种可以共有、共治、共享的建筑的全新样貌，而不是仅仅沦为资本的另一轮游戏？

中国当代建筑近年来佳作不断，方兴未艾，为世界建筑界所瞩目。与此同时，中国的电子商务和共享经济更是走在了世界的前端。我们能否将两者结合，提出我们的创新理论，并在这个方向上对世界作出贡献？

英国思想史学者彼得·沃森（Peter Watson）在他的《20世纪思想史》中文版序中写道："只有当中国能像西方的伟大文明所曾经成就的那样，在统辖人生重要的问题方面——比如今天我们该如何一同生活在这个人与人截然不同的世界？——提出举足轻重的新思想，我们才能说这个国家在现代世界中成为一个真正重要的角色。"当然，沃森或许期待的是中国历史学者、伦理学者或者数学学者在各自的领域提出革命性的理论。在建筑学的领域，李振宇教授的这本书率先迈出了这一大步，成为可以指引 21 世纪建筑学发展的一个重要方向，也作出了他自己一贯倡导的"类型学"的贡献。

李翔宁
同济大学建筑与城市规划学院院长，教授
2022 年 3 月 27 日

前 言
Preface

共享，此时此地
Sharing: Right Here, Right Now

1

在过去的20年里，我一直专注于建筑类型学（Architecture Typology）的研究和应用，在教学和设计实践中乐此不疲。而对共享建筑学的研究，则是在过去5年中教学、研究和设计实践的新的思考。

进入新世纪，世界发生了巨变。万物互联，信息爆炸，"世界是平的"（The World is Flat，Thomas Friedman，2004）；大数据、人工智能介入各行各业，个人移动终端彻底改变了我们获取空间信息的方式，而线上支付和共享经济对我们的生活方式产生了重要的影响。作为人们活动载体的建筑空间和城市空间，必然不会无动于衷。简言之，人们认知建筑的"打开方式"也许发生了彻底改变。那么，建筑的使用方式会不会随之明显改变？人们生产建筑空间的理念会不会也随之发生深刻的变化？

由建筑认知的改变，进而推动建筑使用乃至建筑生产的改变，是我们业已发现的现象和推理的基础。在信息化的催化作用下，建筑的共享有了更大的可能。"共享"一词，有可能与"绿色"一样，成为"实用、坚固、美观"之外的新的建筑原则。

"共享"一词，有可能与"绿色"一样，成为"实用、坚固、美观"之外的新的建筑原则。

Just like "green", "sharing" could be a building principle in addition to "utility" "soundness" and "attractive".

2

在这本书里，我们试图探讨几个问题。

第一，什么是共享、共享建筑和共享建筑学。"共享建筑"与"公共建筑""多功能建筑"的异同何在？共享建筑学作为一种新的建筑学视角，可以怎样来观察和思考建筑学的内涵和外延？

第二，提出共享建筑学的基本概念和思考。特别是"全民共享"

（Sharing for All）、"让渡共享"（Sharing by Transfer）和 "群共享"（Sharing in Group）的三阶段，"分层""分隔""分时""分化"的四种方式，以及共享主体、共享客体的思考，还有相关的市场化和福利性探索。

第三，关于共享建筑学的理论发展。共享建筑学的理论基础与共享经济的理论基础是否一致？共享建筑与共享经济是否有共通之处？共享建筑能否为减少建设总量作出贡献？

第四，共享建筑的实践历程。从古到今的共享呈现方式是什么？从现代主义建筑到当代建筑的趋势又是什么？以及在共享经济异常活跃的中国，共享建筑学是如何初见端倪。

第五，形式追随共享。共享建筑学带来至少四种形式的改变：线性延展、透明性、边界模糊和公私界限的重构。特别有意义的是，共享会要求一种新的约定俗成，新的接入标准。

第六，共享是存在风险的。伦理的风险，健康的风险，还有安全的风险。尤其在此时，新冠肺炎疫情肆虐的时候，共享经济本身正在经受严峻的考验。此外，资本的介入，共享经济也会带来资源的盲目使用，造成社会浪费。

第七，共享与策划。现代建筑100年的发展，形成了完整的功能系统。例如德国标准委员会（DIN Ausschuss）推荐，恩斯特·诺伊费特（Ernst Neufert）1936年编写的建筑设计手册（Bau-Entwurflehre）制定了依托建筑功能的整体尺度体系；80年后，中国建筑工业出版社组织的集全国专家之力编写的十卷《建筑设计资料集》（第三版）更是整体描述了各种类型建筑之间的功能配比关系——尤其是"功能空间"和"辅助功能空间"之间的关系。共享建筑学理念的出现，意味着这种关系有可能出现重大改变，这时候，建筑的策划就变得更加重要，更加因地制宜。

在这本书里，我们试图探索七个议题：共享和共享建筑；共享建筑学的基本概念；理论发展；实践历程；形式；风险；共享与策划。

We attempt to explore the following seven issues: Sharing and Sharing Architecture; Basic Concept of Sharing Architecture; Theory Development; Practice Procedure; Form; Risks; Sharing and Programming.

3

之所以下决心带领研究团队来写一本关于建筑学本身发展的书，是因为有三位学者的启发。

第一位是艾森曼教授（Peter Eisenman）。2002年夏天在柏林召开的第21届国际建筑师协会（UIA）大会上，我在会场，听到艾森曼就"进入信息时代，建筑会发生怎样的变化"的提问回答道："进入信息社会，建筑发生的改变，就是建筑不必再像原来的建筑那样像某一种建筑。"这句话意味深长。随着信息化和全球化，城市和建筑的认知识别已然开始悄悄而迅速地发生改变，让建筑的共享在信息识别方面轻松易得。2015年我

本书的研究受到多位学者的启发。

The book was inspired by several scholars.

前言图-1 李振宇与艾森曼合影

前言图-2 墨尔本大学设计学院共享空间

前言图-3 李振宇与叶青合影

前言图-4 2018年清润杯海报和"共享建筑"最终汇报海报

在亚特兰大再次见到他，并且邀请他 2018 年来同济大学访问了一周，这让我有充分的机会再次请教他相关的问题（前言图-1）。

第二位是关道文（Tomas Kvan）教授。2015 年夏，时任墨尔本大学副校长的他在特拉尼（Nadel Telani）新设计的墨尔本大学建筑学院新馆接待了我（前言图-2）。他很为历时 7 年建成的新楼感到骄傲，尤其提醒我们重视那些共享空间：放大的走廊，可以席地而坐的中庭和大大小小的非正式空间。他说，对于今天的学生，到处都是课堂，我们只要提供三样东西：坐处，电插头和 Wi-Fi。

第三位是叶青院长（前言图-3）。她领导的深圳建筑科学研究院，建成了一座不同寻常的新楼。2017 年，她热情地带领我上上下下参观了这栋楼。这是主动追求共享的建筑呈现：地下室向社会开放作为城市展厅，一层向青少年开放作为音乐教室，三层向年轻的父母开放作为员工幼儿园，空中庭院层向科学家开放搭载实验舱。为此，叶青和她的同事编写了三本书：《共享．一座建筑和她的故事（第1部）——共享设计》《共享．一座建筑和她的故事（第2部）——共享营造》《共享．一座建筑和她的故事（第3部）——共享管理》。

正是他们的热情鼓励和启发，推动我们开始了"共享建筑学"的研究。

4

我们对共享建筑学的研究，可谓"此时此地"，正逢其时。

从 2015 年起，中国的共享经济发展迅速，线上线下互动促进了生活方式的飞速改变。共享交通一马当先，共享单车如潮水般涌动，几起几落。共享办公四处兴起。几年来，我们有幸通过竞赛赢得了几个重要的设计项目，机缘巧合，成为共享建筑学理念的实验场；发表了多篇与共享建筑有关的论文，也为 2018 年"清润杯"全国大学生论文竞赛出题为《共享时代的城市与建筑》。几年来，也以共享建筑为题，先后在南京、北京、广州、深圳、西安、武汉、呼和浩特等地以及同济大学作过十多场学术报告，得到了很多有益的反馈意见。

2018 年，我在本科生自选题设计课进行了以"共享建筑"为题材的"同济书院"设计课。六位本科生同学以共享为线索完成了设计。致力于共享经济新形式探索的范凌和何勇两位校友担任了评图导师，这是我们在教学中的一次很有意义的实验（前言图-4）。之后又发展为研究生专题设计课程。

2017 年至今，我们以"共享建筑、共享城市"为主要理念，先后在常州皇粮浜学校（李振宇、卢斌、宋健健，等）、奉贤美 U 谷城市设计（李振宇、朱怡晨、王浩宇，等）、中国民航飞行学院成都空港新城校区城市设计（李振宇、涂慧君、刘敏、邓丰，等）、海南陵水黎安国际教育示范园区一体化设计（李振宇、王骏、涂慧君、徐杰、刘敏、董正蒙，等）、奉贤奉浦大道城市设计（李振宇、成立、徐旸，等）等多项设计竞赛里中标实施，并有上海之鱼木构共享驿站（李振宇、成立、邓丰、董正蒙，等）建成；2019 年，受同济大学双一流计划的资助，李振宇、涂慧君、刘敏、郑振华、屈张、羊烨等组成了"共享建筑与城市"创新研究团队，特邀诸大建教授担任指导（前言图-5）。2020 年，得到国家自然科学基金面上项目资助（批准号 51978468），这进一步促使我们把共享看作建筑发展的新的动力，也是我们这本书实践和研究的基础。经过了几年的积累，终于由团队合作得以完成。

本书由李振宇总负责，朱怡晨总协调。文章中前言部分由李振宇完成；第 1 章由李振宇及朱怡晨撰写；第 2 章由宋健健、郑振华及羊烨撰写；第 3 章由邓丰、朱怡晨、宋健健、王达仁及卢汀滢撰写；第 4 章由刘敏、涂慧君及屈张撰写；第 5 章由宋健健、王达仁、李振宇、朱怡晨及梅卿撰写；第 6 章由李振宇、朱怡晨、徐诚皓、刘雨秋、王炎初及徐佳琪完成；结语由李振宇完成；版面编排由朱怡晨、徐诚皓、刘雨秋、王炎初、徐佳琪及李阳完成，王梓笛担任英文校对。王浩宇、张一丹、张簸、干云妮、吴文珂、田萌、谢淑娇、陈柳珺、米兰、王修悦、李昂、李宁聪颖、汤佩佩、吕子璇等对本书亦有贡献。

我们相信，以共享的观点来看待建筑学的发展，预见建筑和城市空间从内容到形式的新的发展，是非常值得期待的。

从专属到共享，这很有可能是建筑学在 21 世纪最显著的改变之一。

前言图-5 "共享建筑与城市"创新研究团队

对共享建筑学的研究可谓正逢其时。从专属到共享，这很有可能是建筑学在 21 世纪最显著的改变之一。

The research on sharing architecture comes just in the right place at the right time. The evolution from an enclosed system to sharing architecture, this could be one of the most prominent changes in architecture in the 21st century.

李振宇
2020 年 7 月 28 日，初稿
2022 年 3 月 9 日，改定

目　录
Table of Contents

第 1 章

Chapter I

迈向共享建筑学

Towards Sharing Architecture

1.1 建筑学的内外巨变
Internal and External Changes in Architecture

如果以 1919 年德国包豪斯的建立作为一个时间的标志，现代主义建筑发展至今，已有逾 100 年的历史了（图 1-1、图 1-2）。这百年中，现代主义建筑思想战胜了许多障碍，尤其在第二次世界大战之后，势不可挡，占领了全世界："国际式"成为现代主义建筑的另一个称谓。我们所熟悉的"装饰就是罪恶"[①]"建筑是住人的机器"[②]"形式追随功能"[③]"少就是多"[④] 等现代主义思想成为建筑发展的主流。

从 20 世纪 60 年代开始，以后现代主义为代表的建筑思潮开始挑战现代主义的建筑原则。"少就是乏味"[⑤] 和"现代主义建筑已死"[⑥]，带来了后现代主义、解构主义等以多元变化为己任的建筑思想的发展。而在 20 世纪 90 年代，能源问题、气候问题、环境问题成为世界共同关心的焦点，可持续发展的责任摆在了建筑师的面前。生态节能环保绿色成为建筑学发展的潮流（图 1-3、图 1-4）。

进入 21 世纪，全球化和信息技术发展极其迅猛。这二十年中，在世界范围内，在中国大大小小的城市，建筑的设计、建造、认知和使用至少发生了以下八大改变：

第一，互联网用户飞速发展。到 2020 年，全世界已有 45.7 亿互联网用户，占全球人口的 59%，[⑦] 中国的网民规模为 9.04 亿，互联网普及率达 64.5%。[⑧] 万物互联的局面已经形成。这是 21 世纪便利生活的

进入 21 世纪，建筑设计、建造、认知和使用至少出现了八大改变，互联网、设计软件、参数化设计、个人移动终端、手机社交、电子商务、共享经济、新社群等改变了建筑的"打开方式"。

Entering the 21st century, at least eight significant changes have occurred in architectural design, covnstruction, cognition and use. The Internet, design software, parametric design, personal mobile terminals, mobile social networking, e-commerce, the sharing economy, and new communities have changed the "way" buildings are "opened".

① 装饰就是罪恶，由奥地利建筑师与建筑理论家阿道夫·路斯（Adolf Loos, 1870—1933 年）提出。
② 出自 1923 年勒·柯布西耶（Le Corbusier, 1887—1965 年）现代主义建筑宣言——《走向新建筑》（*Vers Une Architecture*）。
③ 由芝加哥学派建筑师路易斯·沙利文（Louis Sullivan, 1856—1924 年）提出。
④ "Less is more" 由密斯·凡·德·罗（Mies Vander Rohe, 1886—1969 年）提出。
⑤ "Less is a bore" 由美国建筑师罗伯特·文丘里（Robert Venturi, 1925—2018 年）提出。
⑥ 由后现代主义建筑理论家查尔斯·詹克斯（Charles Jencks, 1939—2019 年）在《后现代主义建筑语言》（*The Language of Post-Modern Architecture*）一书中提出。
⑦ Statista 2020. Global Digital Population as of July 2020[EB/OL]. （2020-07-24）[2020-09-06].https://www.statista.com/statistics/617136/digital-population-worldwide/.
⑧ 中国互联网中心（CNNIC）. 第 45 次中国互联网发展状况统计报告 [EB/OL]. （2020-04-28）[2020-09-06]. http://www.cnnic.net.cn/hlwfzyj/hlwxzbg/hlwtjbg/202004/P020200428596599037028.pdf.

图 1-1 包豪斯校舍（1926）

图 1-2 耶鲁大学建筑学院（1963）

图 1-3 洛桑理工劳力士学习中心（2010）

图 1-4 墨尔本大学建筑学院（2014）

强大基础。在我们身边，每天超过一半人依靠互联网获取信息，接受指令、分工合作，获得各种资源。不会使用互联网，就如同不识字会处处不便。建筑的研究、策划、设计、建造、运营、管理和使用，不知不觉中已经离不开互联网。

第二，计算机技术从"辅助设计"的配角，逐步走向建筑设计的中心舞台。欧特克（Autodesk）、草图大师（SketchUp）、犀牛（Rhinoceros）等设计通用软件和一大批专用软件成为建筑设计不可或缺的工具；设计不同阶段不同工种的技术衔接、专业审查和信息管理，高度依赖电子文件；建筑设计的工具在新世纪发生了质的变化（图 1-5）。

图 1-5 Autodesk设计软件

第三，参数化设计和数字建造初露锋芒。信息技术推动建筑设计和建造的数字化，不同阶段不同工种、甲乙丙多方的交互和共享也体现在设计建造过程中。扎哈·哈迪德建筑事务所（Zaha Hadid Architects）、马岩松和袁烽等成为这一领域的代表。以 BIM 为代表的数字化管理系统对建筑的建造和管理运行提供了全新的工具和平台，也创造了全新的建筑专业认知体系（图 1-6）。

图 1-6 BIM数字化管理系统

第四，以 Wi-Fi 移动热点大面积覆盖、智能手机为代表的个人移动终端、卫星定位系统改变了建筑知识的获取和自身空间的定位。每个个体史无前例地随时知道自己在地球上、在城市里、在街区中、在建筑内的位置。对于今天世界各地手持智能手机的人们，每天可以几十次地验证自己与城市空间和建筑的关系、与朋友相距的远近、目的地的方向。建筑空间从来没有这样与个体之间发生如此多的紧密联系。

第五，手机社交平台和越来越强大的手机照相视频功能，成为自媒体和个人展示生活方式的公平机会。中国的微信、微博、QQ，国外的脸书、推特等每天都在用文字和图像表达着每一个人，对建筑、空间、场所、场景的关注也空前增长，"打卡""拔草""网红建筑""网红建筑师"已然成为现实（图 1-7）。

第六，电子商务和网上支付迅速普及。在中国，支付宝、微信、淘宝、京东、盒马、抖音成为新的消费模式。2021 年"双十一"，淘宝天猫一天成交 5403 亿元，比 2009 年第一次"双十一"的 5200 万元增长了 10 000 多倍！[①] 电子商务改变了结算方式，颠覆了消费习惯，拓展了无限的空间（图 1-8）。

第七，共享经济蓬勃兴起，共享交通大起大落。共享经济非常有趣，理念起源于公益，实践落脚于商业。在中国的发展异常火热，以"减少拥有""服务循环"为宗旨，以共享交通为代表，滴滴专车和摩拜单车一时无两（图 1-9）。2017 年最盛之时，曾经有人说"高速铁路、扫码支付、网络购物、共享单车"是新"四大发明"。可惜随后出现了回落。尽管如此，人们对共享经济的热情不减。小到共享充电宝、共享雨伞，中到共享工位、共享书房，大到共享汽车。在中国，在全世界，

图 1-7 手机社交平台

图 1-8 电子商务

图 1-9 共享单车

① 根据澎湃新闻 2021 年 11 月 12 日相关报道统计整理。

以 "WeWork" 为代表的共享办公, "Airbnb"（中文名称：爱彼迎）为代表的短租房等不胜枚举。

第八，社群空间的形成。由于全球化、信息化的发展，全世界各地人们的生活水平总体明显提高。中产阶级占比扩大，年轻一代比父辈更加重视自己的生活质量，在业余生活和工作之间也形成了兼容的社群模式。以共同兴趣、爱好、事业而形成的社群越来越多，典型的例子就是秦皇岛的阿那亚（图 1-10）。健身、美食、旅游、宠物、读书、车友、旅游、联建住宅等，无论是开放的社群还是封闭的社群，都为社群经济、社群共享提供了基础。而虚拟或实体空间的共享，是社群活动的特征之一。

由于以上各种改变，借用一个网络词汇，建筑的"打开方式"，正在发生着巨大的改变。于是乎建筑的设计思路、建造和运营方式，也会出现显著的变化。我们可以相信埃森曼 2002 年在柏林的预言："进入信息社会，建筑发生的改变，就是建筑不必再像原来的建筑那样像某一种建筑。"[1] 进而我们推测，共享建筑学的观念，会不会促进建筑物的生产的减少？对此我们可以希望，但不敢肯定。

图 1-10 阿那亚社区

1.2 共享建筑的特征
The Features of Sharing Architecture

共享的英文 "Share"，来自古英语 "Scearu"，含有切割、切削（Cutting）的意思。[2] 相比于参与（Participate），共享通常意味着一个作为原始持有者授予他人部分使用、享用、甚至拥有的行为。在空间层面，"共享"意味着人群对空间的组织、联合和使用。

从人类开始聚居生活起，空间的共享一直存续（图 1-11、图 1-12）。早期聚落中的"大房子"，就是不同的人们共享的场所，这种部落共享空间场景一直延续到今天。

城市的出现，本身就是跟空间的共享有密切的关系的。中文里的

共享通常意味着一个原始持有者授予他人部分的使用、享用甚至拥有的行为。从古至今，共享在人类聚居的空间中一直存在。公共性的城市空间或者建筑是共享的先声，但不等同。

Sharing usually means granting parts of the original holder to others to use, enjoy, or own. From ancient times to the present, sharing has always existed in the space where humans live together. Public urban spaces or buildings are precursors to sharing, but they are not equivalent.

---

① 李振宇现场记录。

② 根据韦伯大辞典 Origin and Etymology of Share : Middle English, from Old English scearu cutting, tonsure; akin to Old English scieran to cut.

图 1-11 贵州地扪侗寨新建花桥，桥的另一端并没有出路

图 1-12 亚马逊雨林部落共享建筑

图 1-13 共享建筑、公共建筑、多功能建筑的异同

城市二字，是由共同防御的"城"和共享交易的"市"组成的。《说文》曰"城，所以盛民也""市，买卖所之也"。

共享建筑与公共建筑之间有不少相通之处。"公共建筑"的一般概念有两种，一种是按照公共性的使用功能来确定；另一种是按照公共财政投入来确定。我们这里按前一种来讨论。

在维特鲁威《建筑十书》中，专门有第五书《公共建筑》（与第六书《私人建筑》相对应），目录共十二条，涉及的建筑类型有八种：集市广场、巴西利卡、剧场、希腊剧场、柱廊、角力学校、港口。①

在《辞海》（第六版）中是这样解释公共建筑的："供人们进行社会活动的非生产性建筑物，如办公楼、图书馆、学校、医院、剧院、商场、旅馆、车站、码头、体育馆，展览馆等。"②

按照上述的解释和我们的生活经验来推理，公共建筑中确实有很多的空间可以共享的地方。有些部分的共享显而易见，不需要经过约定。但很多公共建筑是限制共享，或者根本不适合共享的。因此，公共建筑绝不等同于共享建筑。

另外，"多功能建筑"与共享建筑也有区别，尽管前者也反映了建筑的共享特征，对此我们也颇费思量。

城市和建筑是如此的丰富和复杂，可以偶尔为之进行共享的建筑和空间，与专门安排了共享之用的建筑和空间，还是有本质的区别的。

经过反复的讨论，对于共享建筑的特征，我们认为可以这样来描述：**建筑可以被其拥有者（或管理者）以外的多个主体使用，通过较为简便的程序，就使用的时间、空间、方式以及是否支付、如何支付等进行约定；使用者在使用中具有一定的自由度和选择权。**

在今天，共享建筑尤其依赖信息技术进行介绍、预订和付费。

共享办公鼻祖 WeWork、SOHO 中国旗下的共享办公空间 3Q、全球民宿短租公寓 Airbnb（爱彼迎）、共享客厅"好处 MeetBest"、苏黎世联建住宅 More than Housing 项目、深圳建科大楼、洛桑的劳力士学习中心、星巴克共享学习中心 Smart Lounge 等当属此列。

我们对比一下公共建筑、多功能建筑与共享建筑之间的异同，更能说明问题（图 1-13）。

---

① 见：（古罗马）维特鲁威 . 建筑十书 [M]. （美）L.D. 罗兰，英译 . 陈平，中译 . 北京：北京大学出版社，2017.
② 夏征农，陈至立 . 辞海：彩图版 [M]. 6 版 . 上海：上海辞海出版社 .

共享建筑可以是公共的，也可以是私人的（好处 MeetBest、联建住宅 More than Housing 大多是私人建筑）。

共享建筑可以是多功能的，也可以是单功能的（如星巴克 Smart Lounge）。

共享建筑可以是收费的（如 WeWork、好处 MeetBest），也可以是公益的（如 Oodi 赫尔辛基中央图书馆、上海浦东滨江望江驿）。

共享建筑和共享建筑学英文名称都是 "Sharing Architecture"。我们在这本书里，要研究的就是由于共享建筑的新的发展，对建筑学带来的新的前景，包括但不限于形式、功能、使用方式、建造技术以及管理方式。

共享建筑的特征表述

Representation of the Characteristics of Sharing Architecture

1.3 共享的历程：从古到今
The Journey of Sharing: From Ancient Times to the Present

1.3.1 早期城市的空间共享：广场、教堂、园林、街市

从古希腊到中世纪，西方古代城市的广场、教堂、市集，大多可以被视为共享的城市空间（图 1-14 ~ 图 1-16）。中国古代也有不同种类的共享。王安石有诗云，"却忆金明池上路，红裙争看绿衣郎"，可见宋朝百姓游览皇家园林金明池的盛状（图 1-17）。江南游园时节，游客会给予守门人些许小费，"茶汤钱"的说法由此而来。可见，市民共享皇家、私家资源有源可循。中国城市、村镇的共享建筑以不同的方式出现。佛寺、道观、庙坛、戏台，往往都有兼容性，有游览、集市的功能

图 1-16 罗马西班牙大台阶

图 1-14 慕尼黑城市广场

图 1-15 梵蒂冈圣彼得大教堂

图 1-17　金明池争标图

图 1-18　苏州玄妙观

图 1-19　广州陈家祠堂

东西方古代城市中的广场、教堂、园林、街市都具有一定的共享性。

Squares, churches, gardens, and markets in ancient cities in both East and West are all available for a certain degree of sharing.

现代主义的思想带来共享的萌芽，而后现代思潮对多元性、模糊性、非中心性等需求对共享空间的出现和设计提出指引。

Modernist thought brought about the germ of sharing, and postmodern introduced the emergence and design of shared space to the needs of pluralism, ambiguity, and non-centrality.

（图 1-18）。祠堂是中国传统上一种特殊的建筑，它是同姓族人的共享空间（图 1-19）。

1.3.2 现代、后现代的共享思考

进入现代社会，共享的思想可在 CIAM《雅典宣言》找到踪迹，"城市单位中所有的各部分都应该能够作有机性的发展。而且在发展的每一个阶段中，都应该保证各种活动间平衡的状态"。[①] 柯布西耶在《光辉城市》中的立交网络，顶层是居民的社交空间，底层与地面畅通无阻，形成无边无际的大公园。尽管这里并没有明确提出建筑系统的共享，但其中包含通过技术手段使建筑单体得以兼顾城市公共功能。然而，更多的现代主义实践由于强调功能理性，使得城市空间普遍表现为隔离、分裂。

1960 年之后，城市空间的模糊性、多元性和矛盾性成为现代城市研究的重要方面，人与社会的支离破碎使共享的理念呼之欲出。

雷姆·库哈斯（Rem Koolhass）指出城市是充满情节的马赛克，[②] 无数具有各自生命周期的个体在有限的城市网格中反应碰撞；柯林·罗（Colin Rowe）提出建筑空间中的多面矛盾，[③] 与罗西论述城市象征意义，提出城市建筑直接反映特殊 / 一般、个体 / 集体直接对比的观念[④] 不谋而

① Corbusier L, Eardley A. The Athens Charter [M]. New York: Grossman Publishers, 1973.
② Rem Koolhaas . Delirious New York: A Retroactive Manifesto for Manhattan[M]. New York:The Monacelli Press, LLC, 2014.
③ （美）柯林·罗，（美）罗伯特·斯拉茨基 . 透明性 [M]. 金秋野，王又佳，译 . 北京：中国建筑工业出版社，2008.
④ （意）阿尔多·罗西 . 城市建筑学 [M]. 黄士钧，译 . 北京：中国建筑工业出版社，2006.

合，两者在城市结构的研究中都认同城市的"拼合"；克里斯托弗·亚
历山大（Christopher Alexader）提出半网络型的城市结构，以应对城
市多样化的复杂结合方式（图 1–20）。[①]

对城市生活复杂性、多样性的认同，使城市小公共空间的共享性，
开始受到关注。

凯文·林奇（Kevin Lynch）将行为学研究方法导入城市设计领域，
指出好的城市形态在于透过持续的集体空间营造行为，来维持稳定且持
续发展的日常生活经验；[②] 雅各布斯宣扬的"人行道的芭蕾""街道上的
眼睛"，威廉·H. 怀特（Willian H. Whyte）发现城市的零星小空间所蕴
含的巨大乘数效应，[③] 以及扬·盖尔（Jan Gehl）从人视角感知建筑和研
究城市公共空间，都认为公共空间是制造人与人相遇、沟通的场所，而
城市因为共享这样的小空间而更加美好。

城市共享资源和共享空间概念的提出，与现代城市生活与空间生产
关系的研究密切相关。

当代，众多社会空间往往矛盾性地重叠，甚至彼此渗透。[④] 亨利·列
斐伏尔（Henri Lefebvre）认为空间是社会活动展开的场所，从属于不同
的利益和不同的群体，[⑤] 空间的生产"意味着从支配到取用的转变，以及
使用优先于交换"；大卫·哈维（David Harvey）在讨论城市共享资源
时，认为当今社会存在一种创造共享资源的实践，这种实践支撑起一种
存在于创造共享资源的团体，和作为共享资源对待的环境之间的社会关
系。[⑥]他指出公共资源与共享资源的重要差异：前者由生产性的集团创造，
如公共空间通常由特定的私人或者政府提供，并处在一定的监督管制之
下；后者是为了完全不同的目的以一种完全不同的方式创造和使用，是
一种不稳定和可以继续发展的动态过程。例如，可供儿童嬉戏的街道是
一种共享空间，街道一旦被汽车所支配，这种共享关系就被摧毁，而街
头咖啡、小型公园的出现是试图恢复共享关系的体现（图 1–21）。

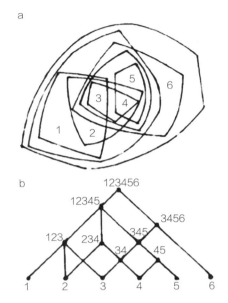

图 1–20 半网络型城市结构（C. Alexander）

图 1–21 纽约帕雷公园

① Christopher Alexander. A City is Not a Tree [J]. Archit Forum, 1966, 122:58-62.
② Kevin Lynch . Good City Form [M]. Cambridge：The MIT Press, 1981.
③ Willam H.Whyte. The Social Life of Small Urban Spaces [M]. Washington: Conservation Foundation, 1980.
④ 包亚明 . 现代性与空间的生产 [M]. 上海：上海教育出版社，2003.
⑤ （法）亨利·列斐伏尔 . 空间与政治 [M]. 李春，译 . 2 版 . 上海：上海人民出版社，2015.
⑥ （美）戴维·哈维 . 叛逆的城市：从城市权利到城市革命 [M]. 叶齐茂，倪晓晖，译 . 北京：商务印书馆，2014.

信息社会为空间认知和使用提供新方式，加速了共享建筑学的出现，设计结合共享开始成为城市建设的方法和方向。

The information society offers new ways of perceiving and using space, accelerating the emergence of shared architecture. Design with sharing is beginning to become the method and direction of urban construction.

图 1-22 首尔共享城市

1.3.3 信息革命下的共享建筑学

信息社会的到来，加速了共享建筑学的出现。互联网平台，成为开发城市共享资源不可或缺的工具。经济全球化、政治多极化、社会信息化和文化多元化成为 21 世纪的基本特征，相互交织和互为推动加速全球网络的形成，[1] 进而推动共享经济和社会公共服务的共享。共享已然成为解决社会和城市问题的重要寄托。

2016 年人居三大会[2] 提出人人共享的城市愿景，认为未来的城市应该寻求促进包容性，确保所有居民可以平等地使用和享受城市和人类住区。杨宇振、张宇星等对城市居住权利的思考，处于社会学背景下的空间矛盾冲突，[3] 认为共享"是化解资本暴戾之气的主要手段"。[4] 许懋彦、镜壮太郎等人在"日本建筑·空间共享"的主题沙龙上，明确指出"共享"将打破建筑概念、空间概念的界定，成为解决社会背景下各种问题的思考方式。[5] "首尔共享城市"计划，则基于创新性的公私合营模式，希望通过建立共享生态系统提升市民的生活品质（图 1-22）。[6]

设计结合共享，开始成为建筑设计和城市发展的重要方向。叶青在深圳建科大楼的实践中提出共享设计的核心思想，[7] 指出"（共享）是人与自然的共享，是人与人的共享，是精神与物质的共享，也是当下与未来的共享"。[8] 共享街道起源于荷兰，广泛应用于日本，利用曲折车道降低车速，从而使行车时行人安全，无车时更是成为邻里活动中心。[9] 新加坡国立大学大学城（UTown）配置大面积的半户外共享空间，贯彻将商业空间与学习空间相结合的设计策略，展示其对大学学员和社会公众

① Sassen S. The Global City:New York, London, Tokyo[M]. Princeton：Princeton University Press, 2013.
② 2016 年 10 月 17 日至 20 日 在厄瓜多尔基多召开的联合国住房和城市可持续发展大会（人居三大会）。
③ 杨宇振. 居住作为进入城市的权利——兼谈《不只是居住》[J]. 时代建筑, 2016(6): 78-81.
④ 张宇星. 城中村作为一种城市公共资本与共享资本 [J]. 时代建筑, 2016(6): 15-21.
⑤ 许懋彦，镜壮太郎，青山周平，王旭，唐康硕，程艳春，崔斌. "日本建筑·空间共享"主题沙龙 [J]. 城市建筑, 2016(4):6-11.
⑥ 知识共享韩国. 首尔共享城市：依托共享解决社会与城市问题 [J]. 景观设计学, 2017, 5(3):52-59.
⑦ 袁小宜，叶青，刘宗源，沈粤湘，张炜. 实践平民化的绿色建筑——深圳建科大楼设计 [J]. 建筑学报, 2010(1):14-19.
⑧ iBR 深圳市建筑科学研究院有限公司. 共享. 一座建筑和她的故事（第 1 部）——共享设计 [M]. 北京：中国建筑工业出版社，2009.
⑨ 张永和，尹舜. 城市蔓延和中国 [J]. 建筑学报, 2017(8): 1-7.

分享教育资源的开放态度（图 1-23）。[①]"共享"已然成为建筑创作中的重要理念和手段。

随着共享经济和信息技术的发展，建筑面临一场新的变革。就像电力和机械改变了 20 世纪的建筑那样，21 世纪的建筑学，会以此迎来全新的发展。

图 1-23 新加坡国立大学大学城

1.4 共享建筑的三种类型
Three Types of Sharing Architecture

共享不仅是空间的使用方式，更是一种空间交换价值的再生。共享建筑学探讨的，既是不同人群如何组织、联合和使用空间，同时也包括空间如何呼应当代城市的复合需求。一方面是城市建筑共享空间，如何面对城市多元生态差异化与异质性的包容及其对应的空间组织方式；另一方面是互联网时代多元、杂糅、不稳定且不断进化的共享行为，将如何影响空间的生产、交换与使用（图 1-24）。

共享建筑学讨论的第一个问题即是：谁来提供共享空间？共享空间

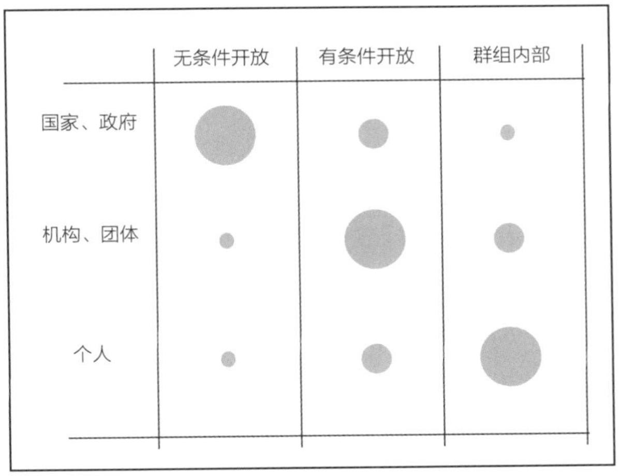

共享有三种类型：全民共享、让渡共享和群共享。

There are three types of sharing architecture: Sharing for All, Sharing by Transfer, and Sharing in Group.

	无条件开放	有条件开放	群组内部
国家、政府	⬤	●	•
机构、团体	•	⬤	●
个人	•	●	⬤

图 1-24 共享的开放性与空间主体

---

① 薛飞，刘少瑜. 共享空间与宜居生活——新加坡实践经验 [J]. 景观设计学，2017, 5(3):8-17.

	国家/政府	企业/机构	个人/团体
全民共享	挪威奥斯陆歌剧院	上海杨浦滨江水厂栈道	上海创智农园
让渡共享	香港步行天桥	深圳建科大楼	上海昌里园
群共享	西班牙Mirador公寓	新加坡 Interlace 公寓	北京"共享桌子"

图 1-25 三种形式的共享与空间主体

又为谁来建造？ 在此，我们归纳出三种共享类型：全民共享、让渡共享和群共享（图 1-25）。

1.4.1 传统的全民共享

全民共享由来已久，主要表现在大型开放公共建筑以及室外公共空间。大多数市民有权利平时在这种全民共享的空间里活动（诚然，历史上往往也会因为种族、阶级、性别而剥夺一部分人活动的权利）。

全民共享与公共建筑、公共空间的重合度很高，但还是不完全相同。公共建筑不一定是完全开放可供共享的。古埃及的浴室有共享的性质，古希腊的广场是典型的共享空间，露天剧场和神庙都有共享的性质。古罗马斗兽场也是一定程度上的共享建筑。拉斐尔的壁画《雅典学院》(图 1-26)，很生动地表达了这种共享建筑的图景。西方中世纪的市政广场和宗教建筑，其空间设置虽然是世俗或者宗教特定的服务需求，然而在平日，却总是被市民聚会和小商业活动充满着。[①] 宗教建筑

全民共享与公共建筑、公共空间的重合度很高，但并不完全相同。

There is a strong overlap but Sharing for All is not exactly the same as public buildings or public space.

① 许凯，Klaus Semsroth. "公共性"的没落到复兴——与欧洲城市公共空间对照下的中国城市公共空间 [J]. 城市规划学刊，2013, 208(3): 65-73.

既是多功能的，也在很大程度上具有共享性。威尼斯圣马可广场就是如此（图 1-27）。

　　在中国，《考工记》"前朝后市"和"左祖右社"，都有共享的成分，后来演变为"东西二市"就更是如此了。中国《清明河上图》描绘的宋代城市画面，整个就是一个共享的空间。中国另有一个特别的共享空间，就是风景名胜。杭州西湖的苏堤白堤、苏州虎丘的剑池、泰山的经石峪，都是全民共享的场所。

　　东西方古代城市的共享，在空间权属清晰的情况下，以部分或完全对外的姿态，面向所有市民开放。同时，家庭生活的私密性和社会生活的公共性具有明确的分界。共享空间作为一种官方或相对正式的存在，例如在宗教建筑中，其内容和组织形式具有一定的仪式性、节庆性和娱乐性（图 1-28）。

图 1-26 拉斐尔的《雅典学院》

图 1-27 威尼斯圣马可广场

图 1-28 五台山塔院寺

到近现代，广场和公园成为全民共享非常重要的代表。巴黎塞纳河两岸、上海早年外滩情人墙、纽约高线公园、柏林波茨坦广场都是如此。

1.4.2 不断发展的让渡共享

让渡共享是一种使用权利的让渡，即将原属于建筑内使用人群的专属空间，让渡为全民使用的市民空间。让渡共享在历史中即存在，但在现代城市的语境下得到进一步的发展。

Sharing by Transfer is a transfer of the right to use. It means to give permission to the public to use buildings that exclusively belonged to users in the buildings. This practice was commonly seen in history, and has been further developed in the modern urban context.

作为使用的共享，在历史当中始终存在。中国古代的部分皇家园林，大多数的私家园林，每年风景最盛时节定期免费开放给游人（或仅向看门人付少量"茶汤钱"），这就是一种使用权的让渡。

东西方的绝大多数宗教建筑，或者为了招徕信徒，或者为了增强竞争力，都会在一定时间内把建筑空间开放给众人。到今天，绝大多数的宗教建筑可以让教徒以外的人们免费或付费进行参观，只在装束和举止上稍加要求（图 1-29、图 1-30）。

图 1-29 伊斯坦布尔蓝色清真寺　　图 1-30 雅典东正教堂门前的共享空间

奥斯曼新巴黎的现代性改造，使巴黎的空间体验产生了巨大的改变，新的百货公司、咖啡馆，以"外向"发展形式渗入两旁的人行道，公共空间与私人空间的疆界变得模糊。[①] 这种生活往往发生在门廊、骑楼、街道、小广场、架空层等，建筑单体与城市公共生活交接的界面。雅各布斯认为，这种空间体验的模糊性和多样性，是现代城市居民非正式公共生活的典型特征之一。古巴哈瓦那在数百年间经营了长达百公里的城市骑楼，不论是公共建筑还是私人建筑，约定俗成地把底层的沿街退让 3~5m，让渡成为贯通整个城市的共享空间（图 1-31）。

图 1-31 哈瓦那城市骑楼

① （美）大卫·哈维. 巴黎城记：现代性之都的诞生 [M]. 黄煜文，译. 桂林：广西师范大学出版社，2010.

图 1-32　香港城市连廊

图 1-33　旧金山凯悦酒店

图 1-34　上海商城

图 1-35　巴黎法国国家图书馆

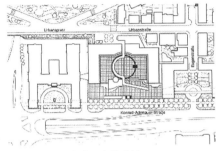

图 1-36　斯图加特国立美术馆

图 1-37　明尼阿波利斯高架步行系统原型

　　在现代城市的语境下，让渡共享意味着建筑向城市开放部分空间；将部分原属于建筑内使用人群的专属空间，让渡为全民共同参与的市民空间。更有意味的是让渡共享的一些特别约定俗成的使用。例如在中国香港特别行政区，城市管理非常严格，但是在香港岛诸多的城市连廊中，周末的时候可以作为家政服务人员聚会场所使用，成为席地而坐野餐聚会的地方（图 1-32）。让渡共享于 20 世纪 60 年代起开始走向兴盛，至今不衰（图 1-33~ 图 1-37）。

　　20 世纪后半叶，现代建筑的发展，令让渡共享发展到一个新的高度。

1.4.3 新兴的群共享

　　"群"是一个新兴的词。在社交软件蓬勃发展的今天，脸书、推特、QQ、微信等成为很多人须臾不可离开的虚拟社会。中国最常见的微信平台大约有 10 亿微信用户（包括海外用户）。有微信，往往就有朋友圈，有微信群。群成为结伴的最便捷的工具，在"群"里面共享信息，

古今中外都有"群"，但在社交软件蓬勃发展的基础上，群共享成为线上线下社交需求共同作用的结果。信息化下的群共享，为建筑设计的供给模式、组织方式和空间形态都提出了新的要求。

Sharing in Group exists in ancient and modern China and abroad, but the booming development of social software making group sharing has become a result of the combined effect of online and offline social demands. Under informatization, it puts forward new requirements for the supply mode, organization mode and spatial form of architectural design.

图 1-38 兰亭集序

图 1-39 韩熙载夜宴图（南唐顾闳中，宋代摹本）

在线下共享各种活动（美食、健身、宠物、育儿、旅行、车友、读书、快闪、购物）成为一种新的生活方式。共享建筑也成为群的活动之一。由此，共享建筑迎来了群共享时代。还有哔哩哔哩（bilibili）、抖音等新的社交平台不断涌现。

　　其实从古到今，一直有广义上的群共享。古今中外，都有活动交友的"群"。王羲之兰亭雅集、韩熙载夜宴、欧洲贵族沙龙、美国学生社团、各色体育俱乐部等（图 1-38~ 图 1-41）。直接投射到建筑上，就是中国城乡遍布的宗族祠堂、行商会馆，还有特殊的共享建筑如福建客家土楼、侗族鼓楼花桥等（图 1-42~ 图 1-44）。

　　20 世纪现代建筑中，也有一些典型的群共享实例。柯布西耶的拉图雷特修道院可以算作一个（图 1-45）。彼得·法勒（Peter Faller）设计的斯图加特郊区的 Schnitz 退台住宅，则是 19 户知识分子集资联建，共同商讨设计方案，包括共享的客舍、木工间、桑拿房等，成为住宅建筑史上一个知名的案例（图 1-46）。

　　借助于日新月异的高科技通信手段，共享的供给与组织毫无意外地往多元化发展。信息时代下的空间组织，一方面在互联网的支持下，形

图 1-40 美国加州某高尔夫俱乐部

图 1-41 肯尼亚内罗毕温莎高尔夫俱乐部

图 1-42 湖南怀化侗族鼓楼

图 1-43 福建土楼

图 1-44 海口骑楼老街

图 1-45 法国里昂拉图雷特修道院

图 1-46 德国斯图加特 Schnitz 退台住宅

图 1-47 柏林街头的共享汽车

图 1-48 日本东京星巴克 Smart Lounge

成覆盖整个城市的共享系统和具有世界影响的全球城市；另一方面，在面对私密空间与公共空间、个人私利与公共利益之间的冲突时，小群体能够在一定范围之内实现自我组织、自我管理的和解与合作，从而使共享能够满足群体的特定需求。

在全球尺度，以"汽车共享"为理念的美国租车公司 Zipcar，或是以"摩拜单车"为代表的共享单车平台，以"共同拥有而不占有"的理念，将社会带入了人人分享的时代（图 1-47）。创建共享办公模式的 WeWork 已经向城市实体空间发起冲击。不但物理办公空间看上去更像健身房或者咖啡厅，营造出浓浓的交流、合作、沟通的氛围，也为各个办公团队提供了绝佳的信息、资源共享平台。与之对应，2020 年 3 月日本东京山手线新站的星巴克推出了专为个人工作者设计的共享书房 Smart Lounge，供人们按时间租用（图 1-48）。

在中观尺度，欧洲的联建住宅项目从单栋建筑向集群模式转变。其中，共享空间作为社区生活的场所基础，创造并促进社交意识的增长。空间形式上，不同等级的共享空间从室外延续到室内，最后连接私密空间，与居住功能直接联系。协作形式上，积极鼓动居民参与住宅设计和实践过程，社区成员通过与建筑师、规划师、项目经理等专家讨论过程，既获得了量身定做的居住空间，又与邻里建立起深厚的认同感。[①] 而这种认同感逐渐演化为对社区空间领域的使命与责任，对社区内共享空间的参与和维护起到了积极的促进作用。

信息时代，共享空间的供给从集中式的国家开放空间，向分散式的互助空间发展；共享空间的范围从城市公共空间，向全球城市和互助社区的两个极限扩张；政府、机构和个人在不同的共享层面发挥不同的作用。国家政府在无条件开放的集体共享空间占据主导，而个人在群组层面的共享层面发挥重大的能动性。

1.5 共享建筑的四种时空形式
Four Temporal-spatial Forms of Sharing Architecture

共享建筑的空间形式包括分隔、分层、分时和分化

The spatial forms of sharing architecture include Split, Layer, Time-sharing and Differentiation.

共享建筑学空间形式的表达，其核心在于"共"与"分"的关系。共享空间可以分为分时、分层、分隔、分化四种形式（图 1-49、图 1-50 ）。

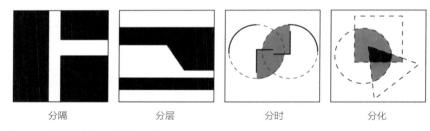

分隔　　　　　分层　　　　　分时　　　　　分化

图 1-49 建筑共享的四种时空形式

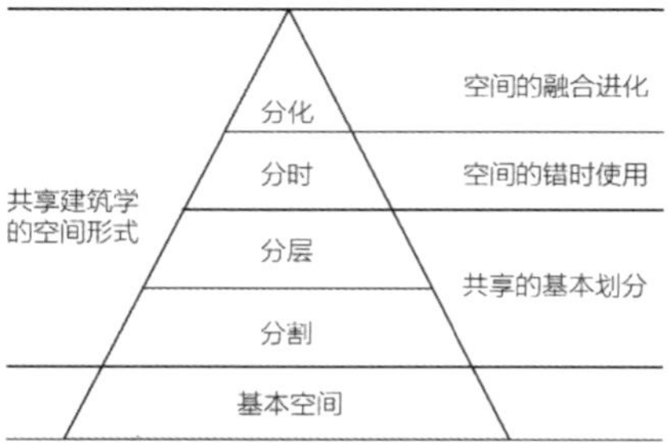

1.5.1 分时共享

分时共享是一种空间共享的普遍使用策略。它使共享超脱物质空间的束缚，通过在时间维度上的交错使用。清晨与夜晚、工作日与周末、盛夏与严冬，不同需求的不同群体在同一空间的不同时段达到共享。

香港汇丰银行大厦在入口处，面向城市街道高达 12m 的公共步行

图 1-50 共享空间形式的层

① 龚喆，李振宇，（德）菲利普·米萨尔维茨: 柏林联建住宅 [M]. 北京: 中国建筑工业出版社，2016.

广场，使本属于进入银行的私密入口，转化为银行橱窗，成为具有城市性的共享空间。周末，入口变为家政服务人员的聚会场所，这反映了不同群体，在不同的时段拥有不同的行为方式。纽约洛克菲勒中心广场在盛夏是聚餐、休闲的城市客厅，严冬则为溜冰场，成为冬季户外聚集、交流的好去处。纽约公共图书馆前的布莱恩特公园（Bryant Park）基于威廉·怀特的社会学研究和劳伦·欧林（Laurie Olin）的景观改造，使之成为一个每天不同时间段容纳不同群体的开放循环体系。公园复兴之后，成功吸引曼哈顿不同群体居民蜂拥而至，每一个群体都可以在合适的时间开展理想的活动。

　　其实，共享单车、共享汽车、Uber、滴滴出行等就是最典型的分时共享。它们的基本原理是减少拥有、增加使用，由此达到节约资源、减少建造、提高效率的目的。共享建筑的分时共享是一种基本形式。Airbnb 就是分时共享住房服务网站，联系旅游人士和家有空房出租的房主的信息，也是租赁房屋的社区。用户通过网络或手机应用程序发布、搜索度假房屋租赁信息并完成在线预订和付费程序。目前仅在中国，就有数百万使用者和数十万房源，深受年轻一代的欢迎。好处MeetBest 是为城市人提供多样空间的租赁平台，专供会议培训、团建年会、聚会派对等城市社交空间的租赁，为客户提供分时共享的惊喜场所。他们在上海有数百处合作城市空间：里弄住宅、花园别墅、老厂房空间、公司特色会议室、观景平台等等（图 1-51）。

　　分时共享的特色建筑空间，是当代城市人不满足于标准和日常的空间使用，探求特色体验的需求的结果，也是共享经济的延展。建筑的分时共享，大多数依靠经济活动作为运行的动力；但也有不少实例是公益性的分时共享。例如上海"风语筑"公司主办的建筑模型博物馆，可以通过预约免费提供相关的建筑文化活动场地（图 1-52）。

分时共享是一种时间换空间的策略。通过时间维度的交错使用，使不同群体在同一空间的不同时段得以享用同一物质空间。

Time-sharing refers to a strategy of sharing that enables different groups of people to share the same space in different time.

图 1-51 好处 MeetBest

图 1-52 风语筑建筑博物馆

1.5.2 分隔共享

分隔共享是在集体拥有的大空间下置入共享交流平台的方式，是对私密与公共关系的处理。

Split sharing is a way of placing a shared communication platform under a large collectively owned space, a treatment of privacy and public relations.

分隔作为共享建筑学最基础的空间形式，反映的是实与空、闭合与开放、个体与集体、私密与公共这种对应关系。分隔通常是在集体拥有的大空间下，置入共享交流平台的重要方式。

2007 年，苏黎世近年来最大规模的联建社区项目，在城市东北部的一块 L 形场地展开。其中由 Duplex Architects 设计的 MAW Building A，创新性地在一个规整的方形体量内，采用空间分隔的方式，将一系列两居室小户型单元，在建筑内部围绕出两个不规则界面的共享中庭，和一个结合交通空间扩展而成的共享平台，极大地丰富了集合住宅内部的共享空间体验（图 1-53）。[①]

图 1-53 苏黎世 MAW Housing A平面图   图 1-54 北京"共享桌子"胡同改造

王辉在胡同改造中提出"共享桌子"理念，将居民从私利出发的圈地运动变为积极的共享行动（图 1-54）。作为邻里分割线的桌子，既界定了每家的院落属地，成为每一户半公共半私密的桌子，同时又被打造成整个院落的共享界面，变成邻里下棋、喝酒、打牌、品茶的交往平台。华黎的"四分院"则针对当代青年人个体合租的生活方式，在最大化个体私密性的同时，进一步强调共享空间在小群体生活中的交互作用。共享客厅作为重组空间序列的重要承载者，帮助合租青年完成了集体生活到个人生活的转变。[②]

① Futurafrosch, Duplex Architekten, etc. Cooperative Housing in Zurich[J]. Detail, 2016(2).
② 华黎. 四分院设计 [J]. 建筑学报，2015(11):82-87.

1.5.3 分层共享

　　分层是分隔在垂直方向上的一种扩展，它既可是基础的水平层叠，也可以是在剖面上的空间折叠。分层通常是在有限的城市空间内解决建筑内部，尤其是公共建筑与城市公共利益矛盾的有效手段，即面向市民和社会开放的外向空间，和满足建筑自身特殊功能需求的内向空间，两者之间的矛盾。而结合场地特征巧妙设置的分层共享，往往是调节这两个矛盾的关键所在。

　　波士顿当代艺术中心采用空间折叠的手法，滨水步道的木质表皮向上折起，先是形成面向水面的大台阶，然后延展至室内，成为多功能剧场的地面，再度翻转折叠形成剧场的天花，并向外延伸成为巨大悬挑的底面，为室外台阶遮风避雨（图 1–55）。通过退让首层，换取顶层展览空间的方式，在有限的基地范围内，达到城市与美术馆的共享双赢。

　　张永和的吉首大学综合楼依山而建，裙房部分的屋顶与高层部分的外墙在剖面形态上形成斜率不同的折叠表面。层层叠叠、顺势而下，在模糊了屋顶与外墙在功能形态上差异的同时，使建筑重塑场所"山地"的空间秩序。

分层共享往往是在有限的城市空间内通过垂直方向的空间让渡，解决建筑内部，尤其是建筑与公共利益矛盾的有效手段。

Layer sharing is an effective method to solve the contradiction between architecture and public interests through vertical space transfer in a limited urban space.

图 1-55　波士顿当代艺术中心

1.5.4 分化共享

分化，意味着分解与重组，既包括传统单一功能的专有空间向多元化、灵活化的消解，也包括不同功能空间的重组。

Differentiation means the disintegration and reorganization, both of the traditionally mono-functional and exclusive space into a diversified and flexible one, and the reorganization of multi-functional spaces.

信息时代下，通信技术的高度发达不仅带来行为的变化，同时直接导致传统单一专有空间的消解，空间面临分化，具体表现为功能的分解与重组。一方面意味着建筑的功能不再受形式的束缚，不论是旧建筑的功能置换，还是新建筑的形式语言，都得到了极大的解放；另一方面，也意味着某些特殊功能开始分化到其他空间，如商场中的艺术馆、办公园区中的科技馆等。

费城海军大院自 2000 年以来开始寻求老工业基地经济、文化的复苏之路。2004 年服装巨擘 Urban Outfitters 总部迁入，将象征传统制造业生产的大跨度造船厂房，转变为服装展示、开放式办公和设计工作室。[1] 原有的单一生产空间分化为当代时尚文化主导下以消费、体验为主的共享空间（图 1-56）。

在由 SOM 设计并于 2014 年落成的新学院大学中心中，多功能厅、工作室、图书馆、课室、学生宿舍和其他无特定功能空间分化在一栋巨型建筑中，成为一座"共享"校园。从地面一直延伸到七层的开敞大楼

图 1-56 费城海军大院

---

①. 朱怡晨，李振宇 ."共享"作为城市滨水区再生的驱动 以美国费城、布鲁克林、华盛顿海军码头更新为例 [J]. 时代建筑，2017(4): 24-29.

图 1-57 纽约新学院中心大楼

图 1-58 康奈尔建筑学院米尔斯坦大厅

梯，既是内部使用者不期而遇的场所，为教员和学生不期而遇创造了机会，也让街道行人可以看见内部学院的活动，大学通过楼梯的大橱窗与城市形成共享、沟通的平台（图 1-57）。

　　库哈斯设计的康奈尔大学建筑系米尔斯坦因馆，使用1200t 钢材铸造两个巨大的悬臂，连接起原本独立的两座历史馆所。悬挑结构为室内形成错综复杂的链接通道和动态的空间流动，创造了无限的可能性。灵活多变的开放平面和悬挑形成的灰空间，为课程设置的灵活变化和学生工作、交流、展示、共享提供了多样的选择（图 1-58）。

第 **2** 章

Chapter II

共享建筑学的理论发展

Theory of Sharing Architecture

2.1 共享的理论基础
The Theoretical Basis of Sharing

2.1.1 学科的自治与共享的多方参照

共享在社会经济、哲学政治、城市空间以及建筑本体四个视角共同作用。

Sharing works together from the four perspectives of socio-economics, philosophical politics, urban space and architectural ontology.

　　共享在社会经济、哲学政治、城市空间，以及建筑本体四个视角共同作用，哲学政治上涉及自由、权力概念。汉娜·阿伦特（Hannah Arendt，1906—1975年）将古典自由定义为政治行动，以赛亚·伯林（Isaiah Berlin，1909—1997年）提出积极自由与消极自由两个概念，公共空间相关的概念在哲学政治范畴内是公共性。要讨论公共性，需要回溯阿伦特在《人的境况》[①]中关于公共领域与私有领域的概念，人的基本活动包括劳动、工作、行动。公共性在古希腊城邦中体现为一种集体性的服从意识，个人参与政治代表集体性的利益。"古希腊城市广场在物理性质上是公共空间，而只有当人们聚集在广场上，表达政治观点与诉求时，这些公共空间才成为共享资源。"[②]大卫·哈维阐释了共享与公共的区别，政治行为可以作为重要的区分。

　　广义的建筑学是研究城市建成环境的学科。关于"共享文化"的形成，应从多种理论视角观察。学科自治意味着有清晰的学科边界，指向自我参照、独立自主的知识体系。共享不是对既有的本体知识体系的推翻，而是尝试多维视角互相映射。日本学者门胁耕三将"共享"视作经济危机后的反思，是社会重组的催化剂，同时也是一种建筑策略。[③]共享作为后现代的片段，具有高度系统性、高度复杂性和经济社会性。传统价值体系和秩序原则消融，古典的内部与外部、大众文化与精英文化、日常生活与宏大叙事之间的界限逐渐模糊，分析共享时代建筑学的特征从传统的建筑学本体转向多义的社会范畴，共享在城市、社会层面有着显性与隐性的脉络。

①　（德）汉娜·阿伦特.人的境况[M].王寅丽，译.上海：上海人民出版社，2009.
②　（美）戴维·哈维.叛逆的城市：从城市权利到城市革命[M].叶齐茂，倪晓晖，译.北京：商务印书馆，2014:5.
③　门胁耕三，王也，许懋彦."共享"——近代社会重组的催化剂[J].城市建筑，2016(4):12-19.

2.1.2 "共创"的社会形态

　　"共享"的意识早在古希腊时期便已出现，体现在社会分工以及国家治理层面。柏拉图在《理想国》中就提出人民共有社会资源共同生产。全书共 10 卷，书中以苏格拉底与人辩论的形式展开对于"国家"定义的讨论。其中国家理论的结晶是正义的观念，正义是维系并凝聚一个社会的纽带，亦即把个人和谐地联合在一起，而其中的每一个人都根据其天赋的适应性和所接受的训练而找到毕生从事的工作。在这个理想国中人具有高低等级但都不能单独存在，需要相互合作、相互帮助。古希腊城邦里具有一定身份的社会成员彼此间通过平等的对话来协商共同关心的话题，可以说是"Public"的起源。到古罗马帝国时期，公共的思想虽然延续下来，但城市空间仍有着明确的阶级限制，这意味着城市只是由部分有资格的成员来共同创造，这是一种"共创"的社会形态[①]。文艺复兴时期，由于经济、文化的繁盛，城市建造活动空前繁荣，公共建筑的功能类型随宗教信仰等转变。在商品经济迅速发展的启蒙时期，私有财产逐渐合法化，而乌托邦的理想将"共享"精神重新带回社会实践与生活中。

2.1.3 乌托邦思想

　　英国都铎时期，托马斯·莫尔（St. Thomas More，1478—1535年）揭露和批判了资本主义社会制度，构想了未来的理想社会，称之为"乌托邦"。在其理想社会中，莫尔构建了"乌托邦"式社会主义价值观体系，主要内容包括：实行财产公有、按需分配，主张人人劳动、共同富裕，倡导民主法治、和谐和平，提倡行善修德、反对拜金主义等。乌托邦思想影响了之后一系列建筑、城市与社会思想理论。法国建筑师克劳德·勒杜（Claude Ledoux，1736—1806年）在理想的基础上融入了理性的城市组织结构。勒杜在绍村盐场规划中诠释了"乌托邦"的设计理念，绍村盐场是勒杜少有的建成物，其中涵盖了多元的考虑，包括社会、政治、经济、伦理等方面，绍村盐场给工人们提供了门房、面包店、教堂、住宅、办公大楼、菜园和果园，工人们生活上基本可以实现

"共享"的意识早在古希腊时期便已出现，体现在社会分工以及国家治理层面。

The awareness of "sharing" appeared as early as the ancient Greek period, which was embodied in social division of labor and national governance.

"乌托邦"作为理想社会原型影响了之后一系列建筑、城市与社会理论。

As the prototype of ideal society, "Utopia" influenced a series of architectural, urban and social theories.

①　李明伍. 公共性的一般类型及其若干传统模型 [J]. 社会学研究，1997(4):110-118.

自给自足。

　　"田园城市"理念源自埃比尼泽·霍华德（Ebenezer Howard，1850—1928 年）的合作主义等社会改良思想。[①]霍华德在《明天：通向真正改良的和平之路》中提出用城乡一体的新社会结构形态取代城乡分离的旧社会结构形态，他在书中绘制了著名的三磁铁图，城市和乡村是两块磁铁，第三块城市—乡村磁铁融合了两者的优点，新的城乡模式有利于化解英国大城市的危机。在 19 世纪，针对资本主义的空想社会主义思潮出现，代表人物之一查尔斯·傅里叶（Frangois Marie Charles Fourier，1772—1837 年）设计了"法朗吉"（Phalanx）这一社会基层组织，其中没有工农、城乡差别，每个人按劳得到公正的分配。傅里叶的法伦斯泰尔实质上是巨构空间的原型，强调空间作为一种综合的、巨大的建筑与城市系统的存在，巨构是资本最高度集中且高效再生产的空间，把生产与居住空间集中，人们生产、消费与休闲同在一个复杂的封闭空间内。法伦斯泰尔试图通过建筑改变生活、调和社会矛盾，这种思维也影响了勒·柯布西耶等现代主义建筑师。勒·柯布西耶的光辉城市更是进一步发展了这种思想，人们在摩天大楼中生活、生产与消费，周围是大片的绿地环绕，城市漂浮在花园上，阳光、空气等自然资源都可以被自由享受。

2.1.4 结构主义探索

　　1933 年的国际现代建筑协会（CIAM）第四次会议通过了《雅典宪章》，提出以功能为分区依据的规划原理，强调了城市的 4 个基本功能，分别为工作、居住、游憩和交通。机械化的功能分区思想缺少人的情感需求、交往的体验，以及集体的生活记忆等考虑。在 20 世纪 40 年代，Team10 成员就对雅典宪章的内容提出了质疑，代表人物荷兰建筑师凡·艾克（Aldo van Eyck，1918—1999 年）便是核心成员之一。凡·艾克受到结构主义思想影响，积极回应集体形式与个体表达之间的矛盾。他设计的阿姆斯特丹孤儿院模拟了一座可生长的微型城市，由小尺度的住宅模块和稍大的社区空间模块构成，统一覆盖在正交体系的相连穹顶之下，模块化的居住单元通过连廊连接，其中创造了许多室外的

公共与私有、集体与个人、现代与乡土等多对矛盾融合在了结构主义建筑的实践中。

Many pairs of contradictions, such as public and private, collective and individual, modern and local, are integrated in the practice of structuralism architecture.

① （英）埃比尼泽·霍华德. 明日的田园城市 [M]. 金经元，译. 北京：商务印书馆，2010.

中介空间。公共与私有、集体与私人、现代与乡土等多对矛盾融合在了结构主义建筑的实践中。

　　赫曼·赫兹伯格（Herman Hertzberger，1932 至今）同前辈凡·艾克一样，他也认为建筑可以被看作一座城市，室内应该像城市一样拥有丰富的层次，持久性的空间结构里包含了街道、广场及基础设施等能够容纳记忆的集体空间，建筑正是依靠这些记忆因素从而能够抵抗以及适应外界因为工作模式、生活方式、功能调整、资产转移等不可控因素而造成的变化。[①]

2.1.5 新陈代谢与共生思想

　　新陈代谢是从更大的地域、更大的城市尺度去思考城市共享的内涵，有机共生来回应气候、在地等问题。Team10 的追随者丹下健三及其他新陈代谢派成员也站在现代主义所代表的功能主义立场对面，新陈代谢推崇生物体持续不断与外部进行能量交换以及物质替换的强大生命力，从而实现自我更新。新陈代谢派强调应借助于生物学或通过模拟生物的生长、变化来解释建筑，与西方自古以来参照人体并以人体比例为基准把握建筑不同，他们独创性地将建筑与生物机能的变化联系到一起，这种构想起源于东方传统的木构建造体系，与伊势神社"式年迁宫"的造替制度存在某种关联。黑川纪章反对现代主义中功能主义的教条思想，希望融合被现代主义所忽视的生长、变化以及特性等问题。"共生思想"在新陈代谢运动后扎根，历史价值、装饰以及地方性，力求取得过去和未来之间的共生，并通过积极体现地方特色，特别是以非西方准则为依据，来表明不同文化共生的重要性。黑川纪章认为，"共生思想"是即将到来的生命时代的基本理想，将成为 21 世纪的新秩序。他希望通过"共生"的空间化、物质化来更好地揭示"共生"的内涵。他所倡导的"共生"所指包含时间（历史和现在）、地点（环境）、材料、形式、意识等一切他认为可能存在的物质的或非物质的事物，通过消解各事物之间的对峙状态来探寻相互共存的平衡。[②]

新陈代谢是从更大的地域、更大的城市尺度去思考城市共享的内涵，有机共生来回应气候、在地等问题。

Metabolism is to think about the connotation of urban sharing from a larger region and urban scale, and organically respond to climate and local issues.

---

① 聂亦飞. 赫曼·赫兹伯格的"多价性空间"建筑观念及实践的研究 [D]. 西安：西安建筑科技大学，2014.
② （日）黑川纪章. 新共生思想 [M]. 覃力，等，译. 北京：中国建筑工业出版社，2009.

2.1.6 多元的城市主义

后现代的城市理念反对现代主义对城市功能的机械分区，主张加强社会交往、充满多样性、适当功能混合。

The concept of post-modern city opposes the mechanical division of urban functions by modernism, and advocates social interaction, diversity and proper functional mixing.

　　不管是新陈代谢派还是彼得·库克（Peter Cook，1937—1995 年）的插入城市，他们所采取的策略主要是从建筑构造上实验可替换、可移动的结构设计，难免有些乌托邦式的科幻神话。凯文·林奇和简·雅各布斯（Jacobs Jane）同样反对现代主义对城市功能的机械分区，主张加强社区交往、充满多样性、适当功能混合的城市理念。雷姆·库哈斯在拉维莱特公园竞赛中，通过不同层的设计，整合了复杂的功能系统，能同时包容历史、环境、地理等多个层次。他也在广普城市理念中提出了去中心化的城市观念，"广普城市是从中心和可识别性的羁绊中解放出来的城市。它是没有历史的城市。它有足够的容量海纳百川"。"一般说来，广普城市是经过'规划'的城市。所谓规划并非通常意义上的由某个官僚机构控制它的发展，而是指如同发生在大自然中的情况一样，形形色色的反响、生殖细胞、命题、种子被随意播撒在大地上，在那里扎根，吸取环境的营养，然后形成一个总体，一个看似随意但有时却能够产生神奇结果的基因库"。[1] 库哈斯在广普城市中反思当代城市的趋同以及其影响，表达了对于中心化和可识别性的批判。

　　法国哲学家米歇尔·福柯（Michel Foucault，1926—1984 年）在一篇题为《另一空间》（*Des Espaces Autres*，1967/1984 年）的文章中创造了一个与"乌托邦"（Utopie）互为镜像关系的新词"异托邦"（Hetero-topies）。乌托邦是一个在世界上并不真实存在的地方，而"异托邦"不是。对它的理解要借助于想象力，但"异托邦"是实际存在的。[2] 数字时代真实与虚拟空间并存，城市互联的方式因为通信、运输等技术变革更加紧密，威廉·米切尔（William Mitchell，1944—2010 年）在书中提出建立伊托邦（E-topias）的城市概念。[3]

新城市主义所倡导的基本城市形态具有紧凑、混合利用、交通优先，以及适合步行的特征。

The basic urban form advocated by new urbanism has the characteristics of compact, mixed use, traffic priority and suitable for walking.

　　20 世纪 80 年代，美国面临城市蔓延与郊区化等一系列城市病症，具体表现为高速公路不断向外延伸、重复的购物中心建筑、低层低密度住宅在郊区蔓延，以及城市街区缺乏活力等。新城市主义所倡导的基本城市形态具有紧凑、混合利用、交通优先以及适合步行的特征，

---

① （荷）雷姆·库哈斯，王群. 广普城市 [J]. 世界建筑，2003(2):64-69.
② 尚杰. 空间的哲学：福柯的"异托邦"概念 [J]. 同济大学学报（社会科学版），2005，16(3):18-24.
③ （美）威廉·J. 米切尔. 伊托邦：数字时代的城市生活 [M]. 吴名迪，乔非，俞晓，译. 上海：上海科技教育出版社，2001.

并且那些用以提升人与人之间互动、增加日常活动、降低生态资源占有指标的私人与公共的建筑和场所都具有一定的等级性。日常都市主义强调非正式的自下而上城市发展机制，后城市主义倡导前卫的城市形式，新奇甚至破碎的都市景象。景观都市主义以景观为媒介，从跨学科视角思考，库哈斯的拉维莱特公园、FOA 的横滨国际码头可以看作是景观都市主义的实践案例。^①纽约高线公园、首尔清溪川改造更是融入共享思想后的代表。路易斯·芒福德（Lewis Mumford，1895—1990 年）主张建立一种功能自足的区域性城市（Regional City），应对全球化的策略。弗兰克·劳埃德·赖特（Frank Lloyd Wright，1867—1959 年）的四联宅社区与广亩城市理念是以去中心化、平等主义与个人主义为要旨，起源于托马斯·杰斐逊（Thomas Jefferson，1743—1826 年）的田园主义思想。1929 年规划师克莱伦斯·佩里（Clarence Perry，1872—1944 年）在《纽约及周边的区域规划》中对邻里单位做了定义，邻里单位理论提出，以小学校为中心，以道路分隔半径 400 m 左右的范围作为一个社区交往单位，避免无关联车辆的通行，净化住宅区环境。

中国在快速城市化的同时也受到城市蔓延的影响，并有一个生动的描述："摊大饼"。具体表现在几个方面：市中心郊区化、过境交通和环路、城市综合体、高密度，以及封闭社区。张永和提出了一系列应对策略，包括放慢速度、缩小尺度、设计密度、向内拓展、混合使用、开放社区等。其中，共享街道（Shared Street）、城市华盖等手法就是对具体的城市空间进行微观尺度的城市设计，从而激发空间活力、增强人员交往。^②

2.1.7 共享城市理念

朱利安·阿格曼（Julian Agyeman）、邓肯·麦克拉伦（Duncan Mclaren）提出共享城市是可持续和智慧城市的模范，能提升环境质量、重建社区并且大幅削减能源使用。^③他们从共享经济概念出发并突

共享城市是可持续和智慧城市的模范，能提升环境质量、重建社区并且大幅削减能源使用。

Sharing cities are models of sustainable and smart cities that improve environmental quality, rebuild communities and drastically reduce energy consumption.

① 谭峥. 新城市主义的三种面孔——规范、方法与参照 [J]. 新建筑，2017（4）：4-10.
② 张永和，尹舜. 城市蔓延和中国 [J]. 建筑学报，2017(8)：1-7.
③ Mclaren D , Agyeman J . The Sharing City: A Case for Truly Smart and Sustainable Cities[M]. Cambridge: The MIT Press, 2015.

破这一概念本身从而将城市理解为被分享的空间，认为人类天生是分享者、共同狩猎、农耕、创造遮蔽物，随着经济发展与公共领域的商品化，原来的共享意识弱化、个人主义开始强化。当城市化不断加强，共享愈加明显。城市不仅是共享发生的场所，在历史维度更是一个共享的整体，因为共同的生产而成。今天，高密度的人口，以及网络化的物理空间不断融合，以新奇的媒介形式催生出越来越多的共享。

1. 首尔共享城市

为应对环境污染、福利减少、经济放缓、社区隔离与社区精神缺失等一系列城市问题，韩国首尔市政府推出了一项公私合营模式的共享政策，名为"首尔共享城市"计划。2013 年韩国首尔大都市区政府成立首尔市"共享促进委员会"，提出建设"共享城市"（Sharing City）计划，旨在有效利用闲置资源、重振地方经济、重构人与人之间的信任关系，同时保护环境减少浪费。共享社区成为共享城市计划的重要组成部分，包括空间共享、物品共享、技能/经验/时间共享和内容共享 4 个子方向，针对每一类共享均有进一步的行动计划，以及政府认证的"共享团体"及"共享企业"作为合作伙伴。

2. 新加坡共享城市

新加坡经历了花园城市向亲自然城市的转变，建立了城市与自然共生的原则。而面对老龄化加剧、人口不断增加的挑战，城市高密度的建成环境需要制定更高效率的城市地块规划，通过扩大和优化土地利用来创造新的土地产能，满足持久的宜居性需求。新加坡共享城市的关键主要在于通过驱动和连接共享空间、资源和设施，以满足城市宜居性和可持续发展需求。

2.2 共享经济的发展
Development of Sharing Economy

共享经济是信息时代的产物，进入新世纪后，随着移动互联网技术及大数据分析处理技术的广泛应用，每个用户都可以实现信息共享。这种共享，不仅打破了时间上的限制，也打破了空间上的限制，真正做到了随时随地。共享经济的本质就是共享使用权，其关键是"不求拥有、但求所有"，[①]是一个建立在人与物质资料分享基础上的新的社会经济生态系统。

通过梳理共享经济的缘起、共享经济的发展、共享经济的理论探索，可以发现共享经济的发展使得共享建筑学的诞生成为必然，为共享建筑学的发展提供新思路。

2.2.1 共享经济的缘起

共享经济最早在 1978 年由美国伊利诺伊大学琼·斯潘思和马科斯·费尔逊（Marcus Felson）提出，[②]但由于当时消费观念与经济发展的局限，此时的共享经济并没有从理论走向实践。1999 年罗宾·蔡斯（Robin Chase）建立起了 Zipcar 共享租车服务，这被视为是共享经济最早期的成功案例，之后陆续出现了 Airbnb 和 Uber 等企业，共享经济真正进入到了实践状态并开始影响人们的生活。在过去的几年里，随着共享经济的普及和业务急剧增加，共享实践已成为一种广泛的现象。随着信息和通信技术的发展，这种技术很容易连接起陌生人，支持同伴合作，增加合作的动机。互联网能够充分整合各种分散的资源，并以最快的速度将信息传递至使用者处。在互联网的作用下，各种资源的利用率得到有效提高，共享经济恰恰是资源科学配置的一种结果。

共享经济的产生是多方因素共同作用的结果，[③]支撑共享经济要素的众多必要条件归纳起来，主要包含了互联网、新技术、资源过剩、经济发展等四个方面：

首先是移动互联网的快速发展与第三方支付的普及。从 2000 年第一代智能手机出现，至今全球移动智能手机用户数量突破 19 亿，移动终端设备的渗透率急速提升。移动互联网和智能终端的普及为共享经济供需双方提供了硬件基础。与此同时，第三方支付也随之兴起和普及，2019 年第三方支付规模已经超过了 31 万亿元，这为

共享经济的成功带动了共享实践的发展，在互联网的作用下，各种资源的利用率得到有效的提高。

The success of Sharing Economy has led to the development of sharing practices, and thanks to the Internet, the utilization rate of various resources has been effectively improved.

---

① 诸大建. 拥有但是分享，利己同时利他 [N]. 解放日报，2017-08-16(11).
② Felson M,Spaeth J. L. Community Structure and Collaborative Consumption: A Routine Activity Approach[J]. American Behavioral Scientist，1978, 23(21).
③ 郑志来. 共享经济的成因、内涵与商业模式研究 [J]. 现代经济探讨，2016(3):32-36.

共享经济供需双方提供了软件基础。

第二是大量新技术出现。基于位置定位服务（LBS）技术，通过电信移动运营商的网络获取移动终端用户位置信息，云计算运用虚拟化技术、分布式计算扩大了资源共享范围，并通过网络连接实现随时随地访问和存取分布在各数据中心的物理资源和虚拟资源，大数据实现了对海量信息快速的数据挖掘，并进行可视化的预测分析，LBS定位、云计算以及大数据等创新技术的发展，大大降低了交易成本并提高了交易撮合率，为共享经济的发展提供技术支撑。

第三是资源的过剩和闲置。2007年美国次贷危机促发了金融危机进而演变成为全球经济危机，带来了全球经济增速下滑和失业率上升。经济增速下滑、有效需求不足带来了产能过剩，大量资源闲置利用率不高。如何提高闲置资源利用效率成为共享经济的必要条件。

第四是经济发展进入新常态。传统经济模式下企业之间通过产业链相互串联，层层加码以及企业自身缺乏有效协同，导致了交易成本居高不下，影响了市场效率，传统模式的商业困局为共享经济提供了发展契机。

2.2.2 共享经济的发展

共享经济的组织形式呈现出由"平台化"到"生态化"的发展趋势。[①] 根据欧盟委员会2016年出台的《分享经济指南》，共享经济是指通过协作平台创造临时使用某种商品或服务的开放市场的商业模式。[②] 共享经济的交易主体有资源供给方、消费者、分享经济平台商等，平台是共享经济的关键要素之一。随着共享经济规模快速持续增长，共享经济组织形式也逐步由单一平台向生态化扩张。如共享单车开创了"制造业+互联网""制造业+服务化""制造业+公共服务"的"新智造"模式，打造涵盖智能制造、移动支付、绿色出行等应用场景一体化的生态链。

共享经济的应用领域逐步由生活资料共享扩展到生产资料共享。全球共享经济的持续演进加速了共享经济行业不断拓展细分，从最初以Airbnb、滴滴为代表的住宿、出行领域的资源共享，到后来以在行、分

共享经济的组织形式呈现出"平台化"到"生态化"的发展趋势，其应用领域逐步从生活资料的共享扩展到生产资料的共享。共享经济在中国得到快速发展。

The organizational form of sharing economy shows the trend from "platform" to "ecology", and its application field expands from the sharing of living materials to means of production. The sharing economy has developed rapidly in China.

① 杨卓凡. 全球共享经济的发展特点、演化路径及推进举措 [J]. 中国商论，2018(34):58-59.
② European Commission, Communication from the Commission to the European Parliament, The Council, The European Economic and Social Committee and The Committee of the Regions [EB/OL]. [2018-03-01]. http://www.kantei.go.jp/jp/singi/it2/senmon_ bunka/shiearingu1/dai1/sankou1_1.Pdf.

答为代表的知识分享，再到以支付宝、闲鱼、58 到家为代表的各种技能服务共享，共享经济持续向多个细分领域渗透，并向工业、农业等生产资料、生产服务领域扩张，催生制造出了产能共享、订单农业、精准农业等新模式新业态。

当前以中国为代表的国际新兴市场，逐步成为全球共享经济增长的新引擎。在中国，"分享经济"受到重视。2015 年 9 月中国政府在夏季达沃斯论坛上提出通过分享、协作方式搞创新创业，大力发展我国的分享经济。中国的共享经济各领域中发展速度最快、发展前景最佳的产业就是共享交通。2010 年前后，滴滴打车与快的打车分别成立，随后多家共享交通平台陆续建立，形成百花齐放的局面。2014 年，优步正式进入我国，与滴滴、快的展开激烈竞争，共享交通领域呈现双雄争锋的局面。2016 年，随着优步退出中国，优步中国旗下的品牌、业务、数据等全部资产转让给竞争对手滴滴出行后，滴滴出行正式成为国内最大的出行平台。之后其起起落落，也引起了不少争议。共享理念在公共交通领域开花结果之际，其他各个行业的共享经济发展也极为迅猛，并呈现出不断扩张的新趋势。国家信息中心的统计数据显示，截至 2018 年上半年，我国共享经济市场规模达到 6.04 万亿元，涉足共享经济的企业已经数不胜数（包括金融领域、生产能力、交通出行、生活服务、知识技能、房屋住宿等），共享经济商业模式的受惠人口高达 4 亿人。当前，共享理念已经囊括了各个领域，包括衣（托特衣箱、衣二三）、食（美团外卖、饿了么）、住（泊寓公寓、爱彼迎）、行（摩拜单车、滴滴出行）、学（知乎、小红书）、用（We-Work、大众点评）、娱（全民 K 歌、哔哩哔哩）、康（微医、智云健康）、体（Keep、咪咕善跑）等多个领域（图 2-1）。

2.2.3 理论探索

伴随着共享经济的产业爆发，共享经济的理论也逐渐成为学术界的研究热点。这期间一些著作引出了共享经济的理论话题：美国学者雷切尔·波茨曼（Rachel Botsman）和鲁斯·罗杰斯（Roo Rogers）于 2010 年合著的《我的就是你的：协作消费的崛起》前瞻性和启发性地揭示了建立在资源共享和协同消费基础上的共享经济模式。[①] 罗宾·蔡

共享经济的理论成为学术界研究的热点。

The theory of sharing economy has become a hot topic of academic research.

---

① Botsman R,Rogers R. What's Mine is Yours: The Rise of Collaborative Consumption [M]. New York：Haper Collins, 2010.

托特衣箱	衣二三	美团外卖	饿了么
摩拜单车	滴滴出行	知乎	小红书
全民 K 歌	哔哩哔哩	微医	智云健康
泊寓公寓	爱彼迎	Keep	咪咕善跑

图 2-1 共享经济在中国

斯在其 2015 年的著作《共享经济：重构未来商业新模式》中描画一种时代精神，过剩产能 + 共享平台 + 人人参与，形成崭新的"人人共享"模式，把组织优势（规模与资源）与个人优势（本地化、专业化和定制化）相结合，从而在一个稀缺的世界里创造出富足。[1] 阿鲁·萨丹拉彻（Arun Sundararajan）在其 2016 年的著作《分享经济：就业的终结与群体资本主义的兴起》中指出"共享经济的影响力可以等同于工业革命"。[2]

目前，中国针对共享经济的研究主要集中在以下几个方面：一是

[1] （美）罗宾·蔡斯 . 共享经济：重构未来商业新模式 [M]. 王芮，译 . 杭州：浙江人民出版社，2015.

[2] Arun Sundararajan. The Sharing Economy: The End of Employment and the Rise of Crowd-Based Capitalism[M]. Cambridge The MIT Press, 2016.

对共享经济理论的研究，李炳炎提出了社会主义分享经济的概念。[①]
颜婧宇认同共享经济的本质是"合作消费"，拥有者将剩余或闲置的
物品出借或出租给使用者，实现物品的最大化利用和收益，在这种
模式下，每个人都可以同时成为生产者和消费者，拥有创造收入的能
力；[②] 二是通过典型企业或行业的案例分析来研究共享经济，诸大建对
中国的共享出行产业进行了深入系统的探讨；[③] 三是对共享经济进行创
新性研究，如中国科学院大学管理学院教授吕本富通过"Uber 化商
业模式"对出行业、旅馆业、个人服务业、餐饮业、物流业等十大共
享经济渗透最快的行业进行分析，并展望共享经济的前景。[④] 卢希鹏
在共享经济的基础上创新性地提出了"随经济"概念，即随时经济、
随地经济、随支付经济等。[⑤]

2.2.4 共享经济：为共享建筑学提供新的思路

共享经济使市场更具竞争力，改善了一些设施和服务的获得机会，
同时，共享经济使人们的生活变得从未有过的方便，之前你觉得不可能
拥有的，或者需要付出很大的成本才能获得的，现在变得轻而易举。共
享商品和共享系统受到了大量用户的欢迎，因为他们现在不仅可以以较
低的价格获得更多的服务，还找到了额外的收入来源。

共享经济在推动经济快速发展的同时"创造"了大量就业机会。截
至 2018 年底，我国共有 7.6 亿人参与到共享经济中，有 7500 万服务
提供人员，大量的人口通过共享经济而获得就业岗位，如网约车司机、
美团骑手等。以美团为例，其骑手人数达到 270 万，有近七成人员是
来自农村地区的。通过这份职业，这部分人口获得了稳定的收入，一方
面直接改善了他们的家庭经济，另一方面老人医疗与子女受教育等情况
也得到了改善。

共享经济以低成本、高效率和便利性优势，成为扩展就业渠道、

"不求拥有，但求所用"的经济模式为
城市空间的建设带来系统化的变革。

The economic model of "not to
own, but seeking to use" has
brought systematic changes to the
construction of urban space.

① 李炳炎，徐雷 . 共享发展理念与中国特色社会主义分享经济理论 [J]. 管理学刊，2017，
30(4):1-9.
② 颜婧宇 .Uber(优步) 启蒙和引领全球共享经济发展的思考 [J]. 商场现代化，2015(19):13-
17.
③ 诸大建 . 搞好共享单车需要理论探索 [N]. 文汇报，2017-04-19（5）.
④ 吕本富，周军兰 . 共享经济的商业模式和创新前景分析 [J]. 人民论坛·学术前沿，
2016(7):88-95.
⑤ 卢希鹏 . 随经济 : 共享经济之后的全新战略思维 [J]. 人民论坛·学术前沿，2015(22):35-44.

摆脱全球经济低迷,推动经济包容性增长的新引擎。随着全球共享经济的持续推进,行业竞争日趋激烈,垄断竞争格局日渐成型,投资趋于冷静,各国对分享经济的发展也由保守转向有针对性地积极支持。在此背景下,了解全球重点发达国家共享经济的发展特点,研究全球共享经济的演进路径和推进经验,对于相关决策部门规范和引导共享经济健康创新发展具有重要的参考价值。

供需双方在共享中获益,需求方通过合理价格满足了需求,其性价比高于传统商业组织提供产品或服务,并且在消费过程中需求方拥有更多主动权和透明度。供给方从闲置物品中获得额外收益,大大提高其闲置资源的利用率,并且在服务过程中得到体验等社交化满足。供需双方在共享中获益,双赢正是共享经济可持续发展的驱动力。

共享经济为可持续发展提供了个性的思维模式与可操作性的手段。传统经济发展的高增长模式事实上是一种不可持续的方式,是以资源环境消耗的高增长为代价的。而共享经济创造了一种完全不同于现有经济的新模式,即"不求拥有、但求所用",通过大规模地提高稀缺物品的使用率,可以用一定的物质量满足增长的社会福利需求。这就为共享城市和共享建筑学提供了新的思维模式,即以最低的物质拥有达到最高的使用效用。城市空间同样可以"不求拥有、但求所用",共享城市建设与共享建筑学的发展,不是搞单个的共享经济,而是系统化层面的社会变革。

2.3 共享建筑学的社会背景
Social Context of Sharing Architecture

建筑学将整体建成环境作为研究对象,大至城镇规划,小至室内家具设计,是一个涉及经济、社会和城市发展等多学科的复杂领域。建筑设计是为人创造更美好生活的方式。建筑学科不仅肩负着创造美好环境的责任,更肩负着实现空间公平,促进社会的可持续发展的社会责任。

通过梳理国际社会的社会发展背景:空间共享的消失与城市危机的出现、空间共享与城市权力、信息时代下的生活巨变,我们可以来探讨共享建筑学的社会责任。

2.3.1 城市危机的出现

自 20 世纪 60 年代中后期开始，西方资本主义社会空间产生了明显的空间商品化与符号化。空间的商品化使得资本主义社会能够将空间产品甚至自然空间本身当作商品来进行销售。在此过程中，空间的价值逐渐发生了根本上的转变——由追求空间的实用价值逐步转向追求空间的交换价值。即使是公共财务支持的公共建筑和城市空间，由于管理成本、安全性和便捷性等方面的原因，其共享性往往也没有得到充分体现；由此造成了事实上的资源浪费。

特定群体对城市空间的侵占，间接地造成了对其他群体的排斥，从而削弱了城市空间活动群体与活动种类的多样化，城市空间的包容度在减弱。城市中各种利益主体都期望在个体生活空间和公共空间的争夺中获得最大的利益，从而引发了种种复杂的社会矛盾与冲突，而这种复杂矛盾与冲突的根源在于对城市公共空间分配不均所引发的各种空间的隐喻（如位置、场所、地域、领域、边界、小区围墙等）都可能演化为空间界线与社会抗衡之所在，也是各个主体认同建构自我与异己之边界的机制，空间的共享功能逐渐消失。[①]

西方特别是美国的城市出现了社会与经济不平等和空间不公平的问题。空间的两极分化日益凸显——越来越严重的"空间失配"，越来越多的空间隔离，空间的不平衡发展，资源的空间分配不公，公共空间的私人化等，这些产生的空间问题成为"创新和维护不平等、不公正的一部分，成为经济剥削、文化统治以及个人压迫的一部分"。[②] 空间的不公正激发人们尤其是那些被剥削、被统治和被"边缘化"的人，消除空间不公正和寻求空间正义的意识。

中国的城市问题在近年来体现得较为明显，20 世纪 90 年代以来，中国的城市化和城市发展驶入快车道，然而伴随着中国的城市空间发生日新月异变化，城市空间却陷入到了"日益压缩"的生态资源环境和社会问题不断积累的双重困境。[③] 在以资本为核心、以利润率最大化为价值导向的环境背景下，城市空间被商品化，开发商将城市空间视为一种可供资本积累的交换价值；对于政府而言，城市空间成为一

空间的商品化以及特定群体对城市空间的侵占，削弱了城市空间的包容度，空间的共享功能逐渐消失；共享建筑学的观点，是一种社会责任。

The commodification of space and the encroachment of specific groups on the urban area have weakened the inclusiveness of urban space, and the sharing function of space has gradually disappeared.The view of shared architecture is a social responsibility.

---

① 吴宁. 列斐伏尔的城市空间社会学理论及其中国意义 [J]. 社会，2008(2)：112-127+222.
② （美）Edward W. Soja. 后大都市：城市和区域的批判性研究 [M]. 李钧，等，译. 上海：上海教育出版社，2006: 123.
③ 张京祥，陈浩. 中国的压缩城市化环境与规划应对 [J]. 城市规划学刊，2010(6)：10-21.

种集交换价值与符号价值于一身的共同体。① 城市空间成为可以流通的商品，资本的空间生产更多的是关心空间的交换价值，空间本身的使用价值被日渐忽视。当城市空间的使用价值与交换价值出现严重对立的时候，城市空间生产中的各个利益群体之间的利益冲突也愈演愈烈，直接导致了城市空间的不公问题。空间的剥夺与隔离、弱势群体的边缘化，以及公共空间的过度资本化，造成了不同社会成员心理上的不平衡。中国城市空间的不公问题逐渐成为影响城市和谐和社会稳定的重大隐患。

2.3.2 空间社会学的诞生

空间共享的社会意义已成为共识。"空间正义"与"城市权利"的提出，探求如何在重构空间的配置中实现平等和公平，"空间共享"成为矫正空间不公的方式，成为体现社会正义、构建可持续社会的基本需要。

The social significance of space sharing has become a consensus. The proposal of "spatial justice" and "urban rights" explores how to achieve equality and fairness in the configuration of reconstructed space, and "space sharing" has become a way to correct spatial injustice and has become a fundamental need to reflect social justice to build a sustainable society.

伴随着城市危机与城市运动产生的同时，在西方学术界，空间社会理论开始萌芽。法国学者亨利·列斐伏尔对社会空间理论作出开创性的研究，被看作是社会空间理论或空间社会学的主要奠基者。列斐伏尔于1974年发表了具有里程碑意义的重要著作《空间的生产》，② 明确提出："空间是一种社会的产物。"列斐伏尔反对城市危机中所产生的城市空间消费化，并提出了两种人的权利。他以"城市的权利"对抗生产的城市化，拒绝将生活空间让位于生产—消费空间。

几乎在同一时期，福柯也阐述了自己的空间思想，他认为"空间是任何公共生活形式的基础，空间是任何权力运作的基础"。③ 在列斐伏尔和福柯的影响下，越来越多的社会理论家开始热衷于思考空间在社会理论和构建日常生活过程中所起的作用，空间共享的社会意义重大已成为普遍共识。④

从20世纪80年代起，"空间转向"思潮随之涌现，并在地理学、社会学和人类学之间跨学科相互讨论，成为后现代化及全球化的社会科学讨论的重要切入点。在此期间，大卫·哈维从后现代观点出发，主张空间和时间都是社会建构起来的，强调了空间的社会性意义及其社会作

① 李阿萌，张京祥. 城乡基本公共服务设施均等化研究评述及展望[J]. 规划师，2012(11)：5-11.
② Henri Lefebvre. The Production of Space[M]. Donald Nicholson-Smith, Trans. Oxford: Blackwell,LTD,1991.
③ （美）Edward W. Soja. 后大都市：城市和区域的批判性研究[M]. 李钧，等，译. 上海：上海教育出版社，2006.
④ 迈克·迪尔. 后现代血统：从列斐伏尔到詹姆逊[M]// 包亚明. 现代性与空间的生产. 上海：上海教育出版社，2002.

用。[1] 哈维从社会正义角度研究了当前城市发展中的空间问题，强调了空间社会正义的重要意义，这些观点都产生了广泛影响。[2]20 世纪90年代后期"空间正义"的知识浪潮超越了社会学和地理学两传统学科，在都市研究、城市规划、建筑、政治学、哲学、文学、文化研究等领域产生了重大影响。这些促成了100 多年来有关空间的第一次学术转向，这种"空间转向"意味着，学者们把社会的空间性或"空间化"问题当作了研究的一个重要议题。[3]

所谓"空间正义"，就是存在于空间生产和空间资源配置领域中的公民空间权益方面的社会公平和公正，它包括对空间资源和空间产品的生产、占有、利用、交换、消费的正义。在空间的生产和生活中注重维护不同阶层、不同群体公平占有、利用空间来进行生产、生活的权利。

"空间转向"的学术思潮在理论、实践与政策等多方面，引发了广泛的空间正义与非正义之争。公平地占有一定的生存空间，合法享有一定的城市空间资源和空间产品，是每一个公民的基本权利。"城市权利"就是公民共享城市空间使用的权利。它或许是"空间转向"在政治学领域最强势和成功的延伸。[4]21 世纪开始，城市权利成为学术研究和讨论的热门议题，并被很多社会、政治组织和社会运动作为行动的口号。"城市权利"的目标不仅是让公民获得进入城市空间的权利，更重要的是进入空间的生产过程，使得城市及其空间的变革和重塑能够反映公民的意见和要求。城市权利成为与空间正义相互交织和密不可分的概念。

空间共享是社会正义理念在空间维度上的体现，是探求如何在重构空间的配置中实现平等和公正的途径。空间正义要求公平地保障每个公民共享城市空间的权益，包容多样的异质文化，平等分配公共资源和保留公众参与的权利。[5]这正是对城市危机中出现的空间剥夺、空间隔离、空间阶层化、空间情感消逝等一系列城市空间产生的不正义问题的一种

① Harvey, David. The Conditions of Postmodernity: An Inquiry into the Origins of Cultural Change[M]. Oxford: Blackwell, 1989.
② Zieleniec, Andrzej. Space and Social Theory[M]. London: Sage Publications, 2007.
③ Barney Warf, Santa Arias. The Spatial Turn: Interdisciplinary Perspectives[M]. London: Taylor & Francis, 2008.
④ Barney Warf, Santa Arias. The Spatial Turn: Interdisciplinary Perspectives[M]. London: Taylor & Francis, 2008.
⑤ 乔洪武，曹希 . 新型城镇化建设必须重视空间正义 [N]. 光明日报，2014-06-18.

反抗和纠正，是社会正义的体现。任意夸大"谁购买谁享有"的市场经济原则，使原本属于大众的空间变成富人俱乐部专有，必然导致空间生活表现权利的严重失衡，这就需要"空间的共享"来矫正。"空间共享"实际上涉及人们空间生存方式的主要内容，它必将大大强化全社会自觉保护公民合法空间权益的导向。

"空间共享"对中国的城市空间生产的现状和理论研究都有着很重要的意义：有助于为中国的和谐城市和可持续发展城市建设提供新的路径，有助于为解决城市贫困、社会排斥等问题提供新的思路和建议，有助于促进对当前城市治理的反思。

总之，"空间共享"以公众平等的空间权益为本位，是对社会空间占有严重失衡的反拨，把弱势群体从这种边缘化的状态中解放出来，使其平等地进入空间特别是公共空间，参与社会生活，是体现社会正义，构建和谐、可持续的城市化的基本需要。

2.3.3 共享时代的生活巨变

信息共享改变生活方式，中国建筑学界直接面临共享建筑学的发展需求。

Information sharing changes the way of life, and the Chinese architectural community is directly facing the development needs of sharing architecture.

21 世纪以来，信息化不仅大力促进共享经济的发展，更是打破了时间和空间上的限制，完全改变了人们的生活方式。无论是从移动网民数量，还是从智能手机的出货量来说，一个毋庸置疑的事实就是移动互联网时代已经来临。移动互联网和智能终端的普及为共享经济供需双方提供了硬件基础。人们随时随地地分享着身边的人和事，越来越多的人通过移动性终端下载音乐视频、预订餐饮机票，或实现网上购物和网上支付，移动互联网正在改变人们的生活、沟通、娱乐休闲乃至消费方式。

在中国，个人移动终端发展尤其迅速，这也反映到了建筑的设计、建造和使用中。信息化和移动互联的发展将为共享建筑的建造和营运提供新的技术支撑，进一步推动可视化建造技术、数字打印、BIM 信息技术、智能家居、远程控制等新技术研发，为建筑数据搭建、建筑建造和运营提供必要的技术支撑。同时信息化促进了共享平台、共享空间的出现，大大推动了基于"共享"理念的建筑创作，使中国建筑学界直接面临共享建筑的发展需求。

2.3.4 共享建筑学的社会责任

共享恰恰反映的是公平正义的问题，"共享"意味着一个作为原始持有者授予他人部分使用、享用的行为；"共享"意味着人群对不同空间的组织、联合和使用。共享空间、共享建筑、共享城市也恰恰是实现空间公平的重要途径，共享建筑学成为实现空间正义的调节器。

共享使得空间的使用权与拥有权之间逐渐产生分离，使空间能以一种更加公平、高效的方式为社会所用。这也使得建筑学一直倡导的功能混合和多元开放等先进理念变为可能。空间共享不仅是空间的使用方式，更是一种空间交换价值的再生。共享建筑学探讨的，既是不同人群如何组织、联合和使用空间，同时也包括空间如何呼应当代城市的复合需求。

共享建筑学讨论的第一个问题即是：谁来提供共享空间？共享空间又为谁来建造？

共享建筑学的目标是所有居民可以平等地使用和享受城市和人类住区。共享建筑学力求实现的是大众不需要凭借某种会员身份，从生理上的和心理上可以自由地进入、享用尽可能多的任何城市空间。共享建筑学追求的是对人们空间权利的基本尊重，让全社会共享作为有机共同体意义上的空间资源，使空间正义得以实现。共享建筑学成为缓解城市危机带来的各种弊病、解决社会公平问题，实现可持续发展的一个重要手段。

共享使空间有可能以一种更加公平、高效的方式为社会所用，是实现城市权利和空间正义的一种调节器。

Sharing is a regulator of urban rights and spatial justice in a more equitable and efficient way.

2.4 共享指数与绿色建筑
Sharing Index and Green Buildings

2.4.1 绿色建筑和共享使用资源

绿色建筑的相关概念总结起来体现为两个方面，一个方面是环境层面，相比较常规的建筑，绿色建筑使用更少的能源、资源，对环境的影响更小，甚至能够对环境形成有益的反馈；另一个方面是使用者层面，绿色建筑"以人为本"，为建筑的使用人员创造舒适、健康的室内、室外环境。

绿色建筑使用更少的资源，创造更好的环境，共享是绿色建筑的必要条件。

Green buildings use fewer resources, and create a better environment. Sharing is a necessity condition for green buildings.

　　与绿色建筑相类似的名词有很多，如可持续建筑、生态建筑、零能耗建筑等，各自的侧重点又都不一样。可持续发展概念宏大，涵盖政治、经济、文化等社会发展的所有方面，不影响当代人的发展和需求，也不影响后代所能享受的环境。建筑的可持续发展已经成为可持续发展的一个非常重要的部分。生态建筑强调建筑对生态环境的影响，有学者认为，建筑应该像生态系统一样，能够自我循环，不对外界的环境有破坏影响。零能耗建筑、近零能耗建筑，或者产能建筑则是从建筑能耗的角度下的定义，控制建筑对化石能源的消耗，同时开发太阳能等可再生能源，并利用以覆盖建筑的能耗需求，建筑则为零能耗建筑；甚至产出的能量有富余，则为产能建筑。

　　共享建筑如同共享交通理念一样，可以探索从根源上减少建筑物的建造总量，增加建筑空间服务的对象，提高使用效率，实现更为绿色的建筑设计、建筑建造和建筑使用。绿色建筑将私有资源通过分时、分区域让渡一部分出来与社会共享是节约社会资源的一种方式，也是提升建筑绿色性能的一个重要途径。

　　绿色建筑概念的提出与能源危机息息相关，随着多年发展，其内涵已经扩展到与人相关的方方面面，室内外的舒适、健康属性等等。从绿色建筑评价的角度，绿色建筑的概念也在不断地发展变化。作为实现绿色建筑最有效的途径之一，绿色建筑评价体系中包含有共享的元素，即"共享使用"指标。以我国的《绿色建筑评价标准》GB/T 50378 为例，2014 年版本（GB/T 50378—2014）的定义深入人心：在全生命周期内，节约资源、保护环境、减少污染，为人们提供健康、适用、高效的使用空间，最大限度地实现人与自然和谐共生的高质量建筑，在这个概念下，实现绿色建筑的手段常常简称为"四节一环保"。2019 年新版本（GB/T 50378—2019）的评价标准对绿色建筑的概念进行了修订：在全生命期内，节约资源、保护环境、减少污染，为人们提供健康、适用、高效的使用空间，最大限度地实现人与自然和谐共生的高质量建筑。新标准更加强调服务、健康、平等、全龄适用等，这种变化体现了其与共享价值取向的一致性。通过对绿色建筑评价工具中得分点的分析，可以发现：共享是实现绿色建筑的一种方法，共享使用指标是绿色建筑评价的必要条件，在 BREEAM、LEED、DGNB 以及我国的《绿色建筑评价标准》GB/T 50378（Assessment Standard for Green Building, ASGB）中都有体现。

2.4.2 绿色建筑评价中的共享使用指标

自 1990 年英国建筑研究所（Building Research Establishment, BRE）发布世界上第一个绿色建筑评价标准——英国建筑研究组织环境评价法 BREEAM（Building Research Establishment Environment Assessment Method）以来，绿色建筑评估有了超过 30 年的历史，已经成为引导设计并建造绿色建筑的最直接的工具（表 2-1）。

绿 色 建 筑 评 价 标 准 BREEAM, LEED, DGNB, ASGB

The green building assessing standard: BREEAM, LEED, DGNB and ASGB

表 2-1   四个评价体系及共享指标的分值

评价体系	LEED		BREEAM		DGNB		ASGB	
版本	2009	2013	2014	2018	2014	2018	2014	2019
权重	无		二级		三级		一级	无
最低认证	40–49		≥ 30%		≥ 50%		≥ 50	≥ 60
	认证级		一星		铜级	银级	一星	
最高认证	≥ 80		≥ 85%		≥ 65%		≥ 85	
	白金级		五星		金级	白金级	三星	
共享分值占比	0	0.91%	1.81%	1.87%	0	0.80%	1.28%	1.45%

BREEAM 中共享的得分点分布在管理（Management）、能耗（Energy）、交通（Transport）3 个领域中。鼓励建筑与周边区域共享合作，创造舒适、健康、安全的社区环境，强调后评估的重要性，将运营数据与设计参数对比，并与平台共享经验，为未来的新建建筑提供宝贵经验。

BREEAM 鼓励共享使用汽车，位于罗马尼亚的 VOX 科技园获得了 BREEAM 认证的杰出（Outstanding）等级，分值达到 95%。园区于 2018 年开放，为用户提供了 13 个电动汽车停车位，其中 6 个车位是共享租赁汽车的停车位（图 2-2）。

城市资源的共享使用具有经济和环境的双重效益。在互联网层面的共享汽车出现之前，共享汽车指某物业的业主自发成立共享互助小组，共享"拼车"出行，达到减少汽车使用频次，降低汽车碳排放的目的。与此同时，共享汽车分摊了用车费用，降低用户的用车成本。互联网平台使共享汽车的涵义大大扩展，一方面，共享的主体更多元，另一方

图 2-2 VOX科技园的共享汽车

面，使用权信息的获取更便捷，参与共享的群体组织更灵活。

LEED（Leadership in Energy and Environmental Design）由美国绿色建筑委员会（USGBC）编写，参与过程涉及政府、业主以及设计师等多个角色，其核心目的是通过协调多方利益追求共赢。因此，共享共赢是写入 LEED 基因层面的一个重要属性。例如 LEED 要求接受认证的建筑在运营过程中，将建筑的用水、用电的消耗记录下来，并与USGBC 共享，用于对比研究。LEED 为所有的认证项目提供了一个共享和互相交流的平台，项目之间对比研究、互相学习，达到优化资源配置的目的。

第 3 版的 LEED 2009 中针对新建校园建筑可持续场地章节有非常明确的共享建议。得分点设施共享（Joint Use of Facilities）鼓励学校将一些校舍空间与社区共享使用。校舍空间的共享促进学校与本社区的交流，同时降低了新开发的需求。

2013 年发布的 LEED v4 相较第 3 版（2009 版）出现了很大变化，LEED v4 将评价体系中原分类重构，从 8 个领域进行建筑评价，在可持续场地（Sustainable Site）领域开放空间（Open Space）得分点中建议，户外空间应当是可以供人进出的，而且，户外空间应当承担一定的城市公共功能，如体育活动、社区花园甚至城市的食品生产。这些空间通过共享节约了城市土地资源，也为城市提供额外的产出。从第 3 版的LEED 2009 到第 4 版的 LEED v4，开放空间得分点从强调项目用地的生态多样性到强调场地与周边环境的物理互动，评价原则的变化反映了共享得分点的增加。

LEED v4 鼓励开放空间能够提供一定的粮食生产，某种程度上与都市农业（Urban Agriculture）的理念相吻合。社区的绿地通过开放共享，用于农产品种植，不但可以营造舒适的邻里环境，而且为社区居民提供新鲜、健康的农业产品，并且可以创造工作机会（图 2-3）。2019年，哈佛大学开始了一项可持续和健康食物计划（Sustainable and Healthful Food Standards）。该项目旨在促进食品公正：推动人们对食物的认知，为哈佛社区提供可持续、健康的食物。"食物生产基地"散落于校园的各个角落：分布在各学院的食堂、咖啡馆周围。各基地种植不同的作物，为社区提供不同食材的同时，也生成了各异的校园景观。

DGNB（Deutsche Gesellschaft für Nachhaltiges Bauen）评价体系是德国可持续性建筑委员会打造的绿色建筑评价标准，鉴于其在建筑

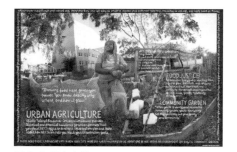

图 2-3 都市农业

全生命周期内对社会效益、经济效益和环境效益的综合考虑，它被称作第二代绿色建筑评价标准。DGNB 评价体系以建筑质量的评估为核心，对建筑的经济性，以及建筑在全生命周期的性能表现有全面的考量。2018 年 DGNB 推出了更新版本，旨在使评价体系适应更多的建筑类型，和不断变化的社会需求。DGNB 的评价体系由 6 个领域组成，与 2014 版本相比，新版最大的变化之一就是对场地质量领域的评分标准和评分方法的改变。

首先，建筑空间、场地空间向周边环境开放和共享都是新版本（2018 版）中提出的。共享的得分点主要分布在场地质量（Site Quality）章节。建筑可以通过混合多元的功能布局对场地产生积极的协同效应，包括户外场地对公众开放，配套设施向第三方共享等方式，促进项目对城市区域环境产生积极的影响。

其次，在旧版本（2014 版）中场地质量是单独评估，不包括在总体质量的测评中，其计分权重为 0，而新版本 2018 修订版场地质量的总体权重从 0 提升到 5%。旧版本中的场地质量领域关注项目所在场地的客观条件，包括自然灾害的可能性，周边配套服务设施的数量、种类和距离等等，这些客观存在会对其他相关领域的评分点有间接影响，但是项目本身无法对它们进行改变，因此场地质量本身并不计入总分。在新版本中，场地质量在客观条件评价的基础上，还关注项目本身与环境的互动和共享，引导项目更积极地融入和改变场地环境，从而改变公众和周边居民的生活，互动、共享、融入的程度深浅则是可以并需要评价和计分。

建筑通过共享的使用方式可以积极地介入社区的日常生活，便利居民的生活，提升社区的品质。创业之城项目（Start-up City）位于丹麦哥本哈根的弗里德里希堡（Frederiksberg），由 SHL 事务所设计，绿色建筑参照了 DGNB 银级标准。在建筑技术层面综合考虑了自然采光、自然通风，使用了高性能的围护结构等被动式设计手段。在城市设计的层面，创业之城的每一个界面都是向外打开的，积极融入社区环境，与城市共享，以营造"城中之城"的氛围（图 2-4）。

图 2-4 创业之城

米德尔法特市政厅由 Henning Larson 设计，高性能的围护系统，精心计算的设备系统使其建成时获得了 DGNB 的白金级认证（图 2-5）。市政厅的功能属性要求建筑应该是透明的、公共的。设计采用了开放型办公空间布局，此外，Henning Larson 设计了一个共享大厅，在工作时间之余，这里是一个聚会场所，也是一个文化中心，所有的城市居民

图 2-5 米德尔法特市政厅

图 2-6 聚会厅

都可以使用（图 2-6）。市政厅的共享性赋予项目独特的可持续性，建筑投入使用多年后，其成为一个绿色、生长型社区，鉴于其对城市的贡献，被再次授予了 DGNB 钻石证书（DGNB Diamond Certification）。DGNB 通过衡量建筑物的质量评价绿色性能，该质量具有两层含义，一层是本体的建造质量，另一层是建筑的服务质量。在全生命周期内，建筑作为社区的一部分，能够为城市和城市居民提供可持续的服务。

我国的绿色建筑评价体系常称为绿建三星，全称为《绿色建筑评价标准》GB/T 50378，第一版于 2006 年颁布实施，其后于 2014 年和 2019 年有两版修订。早期的版本与 LEED 相似，从场地、交通、材料等方面制定评价框架。2006 年发布的第一版标准中，共享就作为节地的一种手段出现。在节地与室外环境章节中，鼓励居住区的公共服务设施采用集中综合建造的方式并与周边地区共享，既满足居民的基本生活需求，也起到节约土地和提高设施利用率的作用。随着修订版本的推出，共享的得分点逐渐细化为室外绿地、配套服务设施、停车场所等。2014 年修订版《绿色建筑评价标准》GB/T 50378—2014 中对绿色建筑的定义常常简称为"四节一环保"，一方面，通过四个方面体系化的计算方法为绿色建筑的设计提供了一套完整的解题思路，极大地推动了绿色建筑的发展；另一方面，节能、节地、节水、节材四个方面，以及分设计、运营两个阶段的评价体系构建了绿色建筑一个完整的闭环，使"节约"资源的概念深入人心。共享理念则在"节地"章节中体现。

最新版本《绿色建筑评价标准》GB/T 50378—2019 改动较大，整体评价内容由六大部分组成，分别为安全耐久、健康舒适、生活便利、资源节约、环境宜居和提高与创新，同时取消了 2014 年修订版中的权重系统设置。评价等级分为三星级、二星级、一星级和基本级。[①] 其中包含两处共享设计的得分点，分布在生活便利和环境宜居章节中。

上海自然历史博物馆获得了 LEED 金奖和绿色三星的认证。螺旋形的建筑形体从地面蜿蜒而上，坡道将公园地景和屋面相连接，建筑物与城市公园融为一体，绿色屋面是博物馆让渡的共享资源，因而，城市居民可以获得更大面积的城市公园，体验获得不同高差的景观体验（图 2-7）。

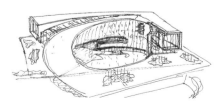

图 2-7 上海自然历史博物馆

在绿色建筑评价体系中，共享使用指标的条文数不多，但分布于设

---

① 中华人民共和国住房和城乡建设部 . 绿色建筑评价标准：GB/T 50378—2019[S]. 北京：中国建筑工业出版社，2019.

计和运营的不同阶段，从多个层面产生影响。同时，从新旧版本的对比可以看出，其占比和重要性在提升。

　　绿色建筑评价体系从设计到运营，从预评估到后评估，形成一个完整的闭环，在 LEED、BREEAM、DGNB、《绿色建筑评价标准》GB/T 50378 这四个评价标准中，共享是整个闭环中某一个或多个环节的组成部分。四个评价标准中，共享指标在设计和运营两个阶段都有体现，共享的导向性主要体现在开放场地的设置、配套设施的涉及和能源系统三个方面，其中场地布局和配套设施的高效利用是共享性的主要得分分布点。LEED 对于功能布局的影响目前仅局限于校园建筑，归纳为弱体现（表 2-2）。

表 2-2　四个评价体系中的共享属性分布

项目阶段	共享分布		LEED v4	BREEAM 2018	DGNB 2018	《绿色建筑评价标准》2019
设计阶段	建筑设计	场地布局	●	–	●	●
		功能布局	○	●	●	●
	机电设计	能源系统	–	●	●	–
运营阶段	建筑运营	运营后评估	●	●	○	–

（注：●：强体现；○：弱体现；–：无体现）

　　建筑运营阶段共享属性的评价差异较大。BREEAM 对数据记录并共享有明确要求且有明确分值规定；LEED 对运营阶段共享属性的评价虽然没有分值，但是有强制要求；DGNB 对建筑运营阶段的评估局限于业主、评估机构和设计机构之间的数据共享，不涉及项目之间的共享，因此归纳为一种共享的弱体现；我国现行标准的《绿色建筑评价标准》GB/T 50378 在运营阶段对于共享属性的评价和要求是缺失的。

2.4.3 建立共享指数度量共享使用指标

　　通过对 LEED、BREEAM、DGNB 和《绿色建筑评价标准》GB/T 50378 的对比研究，"共享使用"指标是绿色建筑评价体系的重要组成部分。绿色建筑的评价注重定量计算，但是一些条款仍存在较大的主观性，对共享使用的程度缺少量化。例如，《绿色建筑评价标准》GB/T

共享指数量化共享度

Sharing Index Measures Sharing Use

50378—2019 第 8.3.2 条鼓励公共建筑的绿地向公众开放，作为向社会提供公共服务的一种途径，但是条款中没有规定绿地的开放面积，也没有对共享使用的人数提出要求。

为了量化建筑共享使用的程度，我们提出了共享指数[①]，将绿色建筑运营过程中的共享度分级打分，进一步细化绿色建筑的评价。

共享由主体和客体两方共同完成（图 2-8）。共享的量化通过主体和客体的量化实现，两者的共享属性分别通过共享流量 F（Sharing Flow）和共享强度 H（Sharing Strength）两个函数表达。主体的共享流量（F）通过访问者的访问频率（r）和单次访问的人数（n）两个变量计算得出；客体的共享强度（H）由共享空间的面积（s）和共享空间可开放的共享时间（t）一起表达。

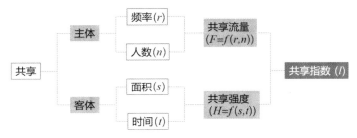

图 2-8 影响共享指数的因子

共享指数 I（Sharing Index）可以用共享流量（F）和共享强度（H）的乘积表示，表示如下：

$$I=F \cdot H \qquad\qquad (2\text{-}1)$$

式（2-1）体现在笛卡尔坐标体系中如图 2-9 所示，M 点对应的共享流量（F）和共享强度（H）形成的矩形面积则为共享指数（I）。

《绿色建筑评价标准》GB/T 50378—2019 重新定位绿色建筑的评价阶段，将评价分为预评价和评价两个阶段，注重运行实效和性能导向，将绿色建筑的性能评价放在建筑竣工后，约束绿色建筑技术的落地。LEED、BREEAM 都有对建筑运营阶段资源利用数据共享的要求，但是《绿色建筑评价标准》GB/T 50378 目前还没有这方面的要求，未来《绿色建筑评价标准》GB/T 50378 应当搭建数据共享平台。以共享

---

① 羊烨，李振宇 . 工业遗产改造中共享策略对城市可持续更新影响的研究 [J]. 工业建筑，2021，51(3): 8-14.

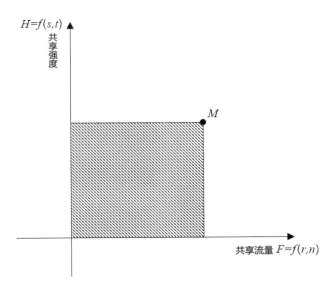

$H=f(s,t)$
共享强度

M

共享流量 $F=f(r,n)$

图 2-9 共享指数（I）与共享流量（F）、共享强度（H）的关系

平台的数据库为基础，依靠大数据技术可以计算得出共享指数的基准值 B（Sharing Index Baseline），用于评价阶段的后评估。

　　将评价建筑运营阶段的共享指数 I 与共享指数基准值 B 比较，可以得到共享使用的评价值 E（Sharing Evaluation），用于评价标准中得分点的分值。

$$E=\frac{I}{B} \qquad\qquad （2-2）$$

　　以《绿色建筑评价标准》GB/T 50378—2019 中 8.2.3 得分点为例，将绿地向公众开放分值 6 分细分为 6 个档次，运营阶段不同程度的共享可以得到不同的分值（表 2-3）。

表 2-3　共享指数的评价

E 值	得分
< 20%	1
20%~40%	2
40%~60%	3
60%~80%	4
80%~100%	5
> 100%	6

形式追随共享

Form Follows Sharing

从维特鲁威的"实用、坚固、美观"三原则，到普利茨克奖牌上镌刻的"实用、坚固、愉悦"三个词，到我国目前提倡的"实用、经济、绿色、美观"的建筑四原则，建筑的评价要素总是在技术、艺术和人文几个方面相结合的。而建筑的形式，对人们具有最直观的影响，也往往是建筑师在设计创作中最富有挑战的工作。建筑形式从哪里来？不同的时代影响形式的主要动力是什么？这始终是建筑学界不断探究的两个问题。

共享的出现，尤其是让渡共享、群共享的发展，使得人与人、人与建筑、建筑与城市之间的交往更加密切与互动，建筑的形式语言由此产生了新的变化与可能。世界范围内以共享为驱动的案例不断涌现，不同的建筑类型根据原有功能特点进行分化，建筑的形式也由于共享的出现逐渐发生变化，[①]"形式追随共享"成为一种新的发展趋势。

作为当代建筑的表达，共享会直接影响建筑形式的变化。至少包括以下四种方式，即内外边界的模糊和复合，更多线性空间的延展呈现，建筑透明性的强化，以及建筑公共性和私密性的重新组合。

3.1 形式的历程
Evolution of Forms

形式追随生存，形式追随秩序，形式追随功能，形式追随多元，形式追随生态，形式追随共享。

Form follows survival, form follows order, form follows function, form follows pluralism, form follows ecology, form follows sharing.

"形式追随什么"是建筑理论长期以来研究的核心问题之一。[②]从原始时期遮风避雨、维持生存的屏障，经历古典时期的艺术完善，到革命性大一统的现代主义和纷繁复杂的后现代，再从能源危机以后关注环境、关注生态的 21 世纪，再到如今万物互联、信息爆炸，大数据、人工智能的介入对建筑与城市空间的强势影响，伴随着历史和时代的发展，建筑的审美趋向和表现形式也在不断的发展变化中。

原始时期，形式追随的是生存。建筑的起源是原始人类为了自身的生存，与自然界作斗争的产物，其首要任务是为了抵御自然侵害、保障生存。原始建筑形式基本相近，都是为了抵御大自然，为创造更好的生存条件而服务。

① 李振宇. 形式追随共享：当代建筑的新表达 [J]. 人民论坛·学术前沿，2020(4):37-49.
② 邓丰. 形式追随生态——当代生态住宅表皮设计研究 [M]. 北京：中国建筑工业出版社，2015:30.

古典时期，形式追随的是秩序。无论东方、西方，天、地、人、神，自然万物之间必须有序，反映在建筑形式上即是对秩序、比例、和谐的追求。金字塔追求的是生与死之间的秩序；教堂追求的是人与神之间的秩序；紫禁城追求的是统治者与被统治者之间的秩序。秩序主导着建筑形式的产生、发展和演变。

19 世纪末期，工业革命带来了人类社会前所未有的大发展，新材料、新技术也给新的建筑形式带来了发展的可能性。与此同时，与生产关系的复杂化密不可分的各种不同的建筑功能需求也应运而生，这就对建筑形式的多样化提出了要求。在这样的时代背景下，美国芝加哥学派的领军人物路易斯·沙利文（Louis Sullivan）提出了"形式追随功能"（Form Follows Function）的现代主义口号。指出了建筑设计最重要的是好的功能，然后再加上合适的形式，从而明确了现代建筑形式和功能之间的关系。在沙利文看来，形式不仅仅表现着功能，更重要的是功能创造或组织了形式。这句宣言似的口号迅速成为现代主义的设计信条和功能主义的旗帜，自此掌控了国际设计舞台数十年。

然而，现代主义建筑思想自产生之日起收到的质疑就从未停止过。基于对有机建筑的思考，路易斯·沙利文的学生弗兰克·劳埃德·赖特提出了"形式应与功能合一"（Form and function should be one, joined in a spiritual union），他认为功能与形式在设计中根本没有完全分开的可能，并且应该通过自然、环境、材料等的真实特性来表达形式。20 世纪 50 年代，密斯·凡·德·罗（Mies Vander Rohe）发展了"通用空间"（Total Space）的新概念，提出了"功能追随形式"（Function Follows Form），认为形式不变，功能可变，建筑物服务的目的是经常会改变的，但是建筑物并不会因此被拆掉。因此，有必要建造一个实用和经济的空间，以适应各种功能的需要。[①]

后现代主义时期，形式追随的是多元。第二次世界大战以后，功能理性的概念不断受到人们的质疑。20 世纪 60 年代，作为现代主义早期的门徒菲利普·约翰逊（Phillip Johnson）开始对现代主义过于统一和刻板的设计手法产生怀疑，他宣称建筑是艺术，认为"形式追随的是人们头脑中的思想……"，[②] 并因此而提出了"形式追随形式"（Form Follows Form），而不是功能。随后，针对现代主义过分强调功能因素，忽略形式和空间的创造，路易斯·康（Louis Isadore Kahn）也提出了"形

形式追随功能

Form Follows Function

---

① 刘先觉 . 密斯·凡德罗 [M]. 北京：中国建筑工业出版社，1992:73.
② 《大师》编辑部 . 菲利普·约翰逊 [M]. 武汉：华中科技大学出版社，2007:200.

式唤起功能"（Form Evokes Function），强调形式在建筑创作中的主要地位，他认为"形式是建筑的基础……形式不服从功能，形式指引方向"。[①]1966 年，后现代主义的奠基人罗伯特·文丘里（Robert Venturi）在讨论建筑的复杂性与矛盾性时，针对建筑的双重功能指出了"形式产生功能"（Form Produces Function），由此人们开始探索建筑形式与城市文化、历史的关联。

受后现代思想的影响，20 世纪初的先锋建筑师们不断就什么是引导建筑形式发展的根本提出了许多观点，反映了建筑师们对建筑形式所进行的积极探索和思考。在这些看似新鲜复杂甚至玄乎的"形式游戏"背后，潜藏的是深层次的美学内涵，建筑形式被视为语言，所要表达的是文化信息，因此，意义比功能更重要，而建筑也因此获得了更广泛、更自由、更多元的形式。[②]

20 世纪 70 年代，能源危机和环境压力带来的生态反思促使生态与绿色成为建筑师们广泛关注的内容。绿色建筑（Green Building）、被动房（Passive House）、零能耗（Zero-energy）、太阳能、垂直绿化等越来越多的生态理念和绿色技术被广泛应用。很快人们发现，生态和绿色在不仅是技术的填充，更是建筑形式的新动力，形式开始追随生态（Form Follows Eco）。[③]

印度建筑师查尔斯·柯里亚（Charles Corrrea）提出了"形式追随气候"（Form Follows Climate），他认为"在深层结构层次上，气候条件决定了文化和它的表达方式……"[④]而为了达成建筑形态和建筑的物理、技术性能的一致性，哈佛大学的伊纳吉·阿巴罗斯（Iaki Balos）教授提出了"形式追随热力学"，通过对建筑中能量流动机理的科学分析，为建筑形式、功能、空间等的组织提供支撑，探寻建筑形式背后隐藏的生态逻辑。[⑤]

进入 21 世纪，信息化带来设计理念的变革，个人信息移动终端普及后得到广泛的发展。随着共享经济（Sharing Economy）发展，闲置资源、使用权、连接、信息、流动性等要素在建筑的使用和设计中被关注，

形式追随生态

Form Follows Eco

① James Marston . Form Evokes Function [J]. Time 1960, 75 (23): 76.
② 李振宇，邓丰 . 形式追随生态——建筑真善美的新境界 [J]，建筑学报，2011 (10):95-99.
③ 邓丰 . 形式追随生态——当代生态住宅表皮设计研究 [M]. 北京：中国建筑工业出版社，2015:35.
④ 刘念雄，秦佑国 . 建筑热环境 [M]. 北京：清华大学出版社，2005.
⑤ 李麟学 . 热力学建筑原型 [M]. 上海：同济大学出版社，2019:6.

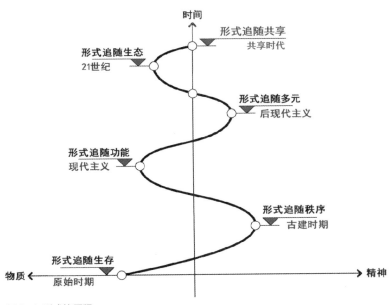

图 3-1 形式的历程

建筑的共享开始改变建筑的形式，对建筑的共享使用的方式，为建筑形式的创新提供了新的可能，"形式追随共享"的时代已经来临（图 3-1）。

3.2 边界模糊
Blurred Boundaries

  边界模糊，是形式追随共享带来的第一个变化。

  边界在空间限定中起重要作用，从简易的栅栏到坚实的围墙都赋予边界不同的形式。传统边界也随着社会经济的发展产生显著的变化，勒·柯布西耶的新建筑五点，柯林·罗的透明性，凯文·林奇的城市意象理论，卡米洛·西特（Camillo Sitte）的蜿蜒法则，以及开放街区理论等建筑理论与城市理论对于边界也有诸多论述。边界也不仅具有限定空间的作用，作为异质性空间也存在激发。

  在共享建筑学当中，全民共享尤其是让渡共享的发展，让建筑内外之间的边界开始模糊。不少传统上属于建筑内外分界面的空间，如屋顶、外墙、入口门厅等，开始出现面向城市生活互动、开放、共享的形

传统的边界是用来固定物理空间所有权的方式，具有封闭性、防御性、内向性等。而建筑的共享，首先在空间的边界处最易发生。共享使建筑的边界形式更加趋向模糊。

Boundaries are traditionally used to delimit the ownership of physical space in a way that is closed, defensive, inward-looking, etc. The sharing of buildings is most likely to occur at the edges of the area. Sharing makes the boundary more blurred.

式语言。建筑内部与外部的界限变得模糊，公共与私密的混合重组使得全民共享与让渡共享变的自然，空间层面与交往层面的边界模糊成为共享建筑的表达形式之一。

3.2.1 传统边界的演化

　　传统的边界常用来限定土地范围与权属。围墙、宫墙、城墙等都是传统限定区域的方式，并作为物理空间的限定一直沿用至今（图 3-2）。除此之外，在规划领域中则是以法律条文的形式对土地的边界进行了限定，例如规划中的建筑红线、道路红线等都是虚拟的边界，不必再以实体围墙的形式进行限定。

　　传统民居建筑的边界呈现出封闭与防御性，例如北京四合院、客家土楼、云南一颗印等（图 3-3）。阿摩斯·拉普普特（Amos Rapoport）的《宅形与文化》一书指出，除了受到抵御野兽、遮风挡雨等功能需求外，文化的因素成为影响民居形态的最主要因素。例如土楼以清晰的边界塑造内向性形式，同一个家族的人聚居于一处，宗祠也位于土楼的核心位置，可以看出在宗族文化的影响下，建筑的形式也一定程度上反映了这种社会关系。

　　柯布西耶的现代主义建筑五点中的底层架空与屋顶花园都是将可活动的边界进行了延展，并柔化了底层的活动边界。钢和玻璃的应用使得建筑边界在立面获得了一种物理上的透明性。建筑的边界从材质到空间组织方式都逐渐发生变化。

　　城市街区的边界可以如巴塞罗那 110m 见方的尺度形成规则的肌理，也可以如意大利的老城一般自由生长（图 3-4）。凯文·林奇的城

图 3-2 宫墙

图 3-3 客家土楼

市意象五要素（道路、边界、区域、节点，以及标志物）中，指出边界
起到两个地区相互参照的作用，是环境中的典型特征，并且对区域划分
起到重要作用。芦原义信在街道美学中讨论了墙与城郭作为边界对塑造
内部空间的意义以及对街道的塑造，并指出城市中边界分为明显与不明
显。

新城市主义理论对美国城市存在的郊区化现象进行了回应，试图振
兴衰败的老城。中国许多城市也在快速的城市化进程中，出现摊大饼式
的扩张，老城周边发展出许多新城，城市的边界也处于动态变化之中。

图 3-4 巴塞罗那城市肌理

3.2.2 共享的边界

建筑的形式因为共享产生了变化，边界的模糊是其中一个重要特
征。通过边界的让渡，多维延展形成了可以共享的模糊空间。共享也使
得建筑的边界不再必须是刚性的，而可以成为事件产生的场所，并彰显
了共享作为一种新的空间打开方式反映了当下新的社会需求。

童明设计的昌五小区围墙改造项目"昌里园"是以边界模糊的形
式塑造共享空间的生动案例（图 3-5）。项目通过对传统封闭社区约
400m 长的围墙的改造，以微更新的形式重构了一个供周边居民共享的
线性活动空间。原来冗长且单调的围墙，被共享且富有园林趣味的模糊
空间所取代。昌五小区边界上这个宽度在 1~8m 之间的空间被让渡给城
市，成为更大范围内居民活动使用的共享空间。

赫尔辛基中心图书馆通过建筑形体的凹入变形，塑造了一个被建
筑覆盖又在建筑形体之外的模糊空间，成为市民进行活动的场所
（图 3-6）。这一内外交织的空间成为市民共享的场所，建筑的边界也

边界模糊

Blurred Bourdaries

图 3-5 上海昌里园

图 3-6 赫尔辛基中心图书馆

图 3-7 奥斯陆歌剧院 24h开放的屋顶

变得模糊。建筑边界的变化也出现在垂直向，建筑屋面的变化尤其显著。例如奥斯陆歌剧院的屋面是一个从地面延伸至顶的可供市民活动的共享空间，在垂直层面形成边界的延展（图 3-7）。建筑的边界并没有消失，而是以悬置，抬升等方式让边界变得模糊塑造出可以共享的空间。

共享建筑的边界模糊特点也反映出现代社会的生活方式，消费文化以及市民权利。包亚明在《现代性与都市文化理论》一书中讨论了都市空间与消费文化，边界在消费文化的潮流中也不可避免的产生了变化。

首先是作为事件空间的边界，公共建筑对事件空间，以及交往空间的需求，催生边界空间成为舞台化与布景化的模糊空间。城市与建筑中的共享空间承担了交往场所，边界作为其中的异质空间也成为一种事件空间。其次是流量导向的边界消解，大众传媒以信息符号的形式打破的传统的直接交流，对流量的追逐使得媒体在其中发挥了巨大作用。建筑的自我表达与彰显在信息时代更加倾向以符号化的形式进行传播，也使得这个层面的边界变得模糊。最后是权属意义的另类彰显，空间权属的彰显从传统边界的强限定，在当下转变为对使用者的占有。公共权利、市民权利等观点也使得城市内公共建筑的边界更多的倾向于开放，释放出可供市民活动的共享空间。

空间限定的方式在当代产生了变化，空间的打开方式也变得多样。传统的边界也出现变化，呈现出模糊、延展、凹入等趋势。空间的共享可以通过边界的模糊得以实现，对建筑边界的处理也成为建筑师设计当中特别关注的方向之一。

由于共享性的发展，原来被现代主义建筑有意无意冷落的线性延展的空间得到了再生的机会，成为共享建筑学常用的手法。

The linear extension of space, intentionally or unintentionally ignored by modernist architecture, has been regenerated and become a common method of sharing architecture.

3.3 线性延展
Extend the Linear Space

线性空间的延展，是形式追随共享带来的第二个变化。

在人类的建造过程中，"线性"最早出现于场地的几何特征描述中。存在于大自然中的"线性"特征是一种模糊却具有方向性的延伸：绵延的山脉、奔腾的河流……而在人类的建造过程中，线性是城市和建筑中必不可少的构筑方式：街道、桥梁、铁路、走廊、拱券……可以说，线性可以理解为某一主体在某个方向上的延伸。

在线性延伸的过程中，又自带特有的剖面特征。例如蜿蜒的河道在每一个截面都充满着变化，延伸的街道在每一个剖面也都不尽相同。可以这样理解，线性延伸中也充满着变化，且这种变化来自主体本身的积累或成长。

自工业革命以来，线性建筑取得新的发展。工业化建构技术体系的进步和材料的革新，使得巨型空间的生成成为可能。拱廊、机场、仓库、大型展厅等线性建筑应运而生。而铁路、高架、运河等大型基础设施穿插于城市当中，也成为城市空间不可缺少的组成。

在"形式追随功能"的现代主义建筑空间中，不同的功能组织经常通过一个功能分配节点来避免线性的交通流线，建筑空间的组织变得越来越集中。而共享建筑的出现，使得功能分配不再那么重要，共享的使用方式重新唤起了"逛街"式的使用体验，线性的延展成为共享建筑学常用的手法。

3.3.1 城市中的线性空间

街道是城市中常见的线性空间。马歇尔认为传统的街道集循环路径、公共空间和建筑临界区域三者为一身，粗略等于交通工程师所说的线性空间。[①] 街道是城市活动的容器，是城市交通与公共空间的共同载体。

空中连廊是街道在高度上的变体。随着新技术新能源的应用，自20世纪60年代以来，城市空中连廊成为世界各地许多城市的重要功能之一。空中连廊与城市公共交通、公共空间和景点有效串联，营造安全、舒适的步行环境，其功能和路径使其得以成为城市形象的代表。

拱廊则是更早的室内化的城市后街。本雅明（Benjamin）的《拱廊计划》中，拱廊被当作19世纪新涌现的，与百货公司、林荫大道等一同出现的建筑与空间类型。拱廊的出现得益于19世纪的发明创造与材料革新，是现代工业密集涌现的产物，也与日益精致化的店面空间结合，成为市民阶层消费逛街的社交场所（图3-8）。[②]

大型厂房、机场、展厅等是建筑工业化建构体系推动的线性巨型空间。吉迪恩（Gideon）在《在法国建造》一书中描绘了19世纪到20世纪法国建筑基于新材料和新建造技术的应用，认为19世纪建筑领域

线性空间

Linear Space

图 3-8 美国第一个拱廊：普罗维登斯拱廊

① （英）斯蒂芬·马歇尔. 街道与形态 [M]. 苑思楠，译. 北京：中国建筑工业出版社，2011.
② 谭峥. 拱廊及其变体——大众的建筑学 [J]. 新建筑，2014(1):40-44.

图 3-9 格罗皮乌斯 1911年设计的法古斯鞋楦厂

图 3-10 柯布阿尔及尔规划的手稿

线性延展与城市基础设施

Linear Extension and Vrban
Infrastruction

最重要的突破便是钢铁、玻璃、混凝土的使用，使得结构因素在 20 世纪的新建筑中得到充分表现。[①] 由于工业生产特定的使用功能和空间要求，工业建筑往往呈现出"形式追随功能"的几何美学、逻辑性和建构性（图 3-9）。

依靠城市中的河道、铁路、道路作为纽带的城市基础设施，更是城市形态中广为常见的线性空间。皮埃尔·帕特（Pierre Patte）在 1769 年设想的"关于现代下水道系统的建议"，经常被认为是第一个将建筑与街道的给排水系统置于一个系统呈现的提议，彻底改变了工程师和建筑师对城市街道、城市基础设施的认知。城市基础设施一度成为城市设计思考的关键性因素：从索利亚（Arturo Soriay Mata）提出的线形城市（Linear City）、柯布西耶提出的阿尔及尔市规划（Algiers Plans）、景观都市主义提出的基础设施城市学（Infrastructural Urbanism）（图 3-10）。

3.3.2 共享推动下的线性延展

在共享建筑学当中，全民共享的发展，让许多工业功能衰落的建筑空间、城市基础设施得以重生。共享的出现，使得传统单调、乏味的线性空间在功能、使用、和体验上产生更多的可能性，从而使得线性空间本身得到极大的延展。

纽约高线公园是城市废弃基础设施转化为线性公共空间的经典案例。纽约高线公园本是废弃铁路改造而来的城市线性公园，然而公园与城市之间丰富的交往界面，触发沿线新建建筑在面向公园一侧创造性的采取不同形式、不同手法的空间处理。以一系列有特色的序列空间在高楼林立的城市中塑造出一个线性的开放共享空间，并创造独特的漫步体验及城市景观视角。由此可见，线性空间在延展的同时会激发沿线的点面空间，从而形成更有"厚度"的线性体验。

2017 年 6 月，在杨浦滨江完成了杨浦大桥以西 2.8km 的贯通工作之后，这片区域便成为周边居民喜爱的场所，融入了他们的日常生活。然而作为上海的城市客厅，政府部门更希望这样的一个公共空间不仅仅供周边的居民参与使用，而是成为更大范围的人群沟通交流的平台，于是计划 2019 城市空间艺术季（Shanghai Urban Space Art Season，

---

① 范路 . 从钢铁巨构到"空间—时间"——吉迪恩建筑理论研究 [J]. 世界建筑，2007(5):125-131.

图 3-11 杨浦滨江

图 3-12 柏林比基尼市场

图 3-13 斯沃琪总部大楼

简称"SUSAS")落地杨浦滨江举办。[①] 这条 5.5km 长的线性滨水岸线，将废弃的工业遗产成功转型为共享的艺术水岸（图 3-11）。

　　柏林的比基尼市场（Bikini Berlin，2014 年）作为城市更新中的重要组成，将动物园与商业结合成为新的城市综合体，屋顶的共享平台成为俯瞰动物园的新场所，创造出类型独特的共享空间。建筑物内部的线形空间及流动空间成为塑造共享空间的方式，共享空间的立面显现也成为共享建筑的新特点。

　　共享推动了城市存量的线性空间在不同层面上的延展，也催生新的线性空间类型，形成了共享时代下独具特色的形式语言和空间体验（图 3-12）。

　　日本建筑师坂茂设计为瑞士斯沃琪（Swatch）设计的总部大楼，除常规的工作卡座外，整个建筑分布着各种公共区域：自助餐厅、不同间隔之间的小休息区，独立设置的"壁龛小屋"，层层退台的开放办公。丰富的内部体验，使得全长 240m，宽 35m 的廊道空间的存在更具有合理性（图 3-13）。

---

① 秦曙，章明，张姿.从工业遗地走向艺术水岸 2019 上海城市空间艺术季主展区 5.5 km 滨水岸线的更新实践中公共空间公共性的塑造和触发 [J]. 时代建筑，2020(1):80-87.

　　这也是一个线性的延展的空间，它不是我们想象的一种集中、封闭、圆环或立方体建筑，而是一条非常长的、延展出来的空间。在这个空间里，它表达了一种新型的空间关系。它是共享的，把不同的功能放在一起，出现了很多建筑设计资料集上所没有的模糊空间。那些座谈的地方、桌椅、步行街，它到底是属于谁的？

　　共享对当代城市建筑空间的塑造提供新的可能。它不像功能主义在设计初期就对使用面积有着明确的定量要求。共享的使用方式及随之而来的共享空间，都允许一种模糊的、可变的、个性化的使用方式出现。因此，功能主义下功能单一的线性空间在当代出现新的转机。一种有弹性、可延展的线性空间成为当代建筑形式的新的可能。

3.4 共享建筑的透明性
Transparency of Sharing Architecture

对共享建筑的认知需要，促进了信息透明，反转了空间的内外关系，推动建筑空间的内部性发展，使空间漫步走向多维体验。

The cognitive need for sharing architecture promotes information transparency, reverses space's internal and external relationships, and expand the Promenade experience through architecture spaces from single to multi dimension.

　　移动互联时代，虚拟空间经历了从门户网站向信息共享转变的历程。信息透明令虚拟空间内部与外部发生了反转，这一现象同样出现在实体空间中。内部成为新的舞台，催化新的建筑形式。"除了视觉特征之外，透明性还暗示着更多的含义，即拓展了的空间秩序。透明性意味着同时对一系列不同的空间位置进行感知。"共享的建筑借助"透明性"实现了柯布西耶式"空间漫步"的运动美学向多维体验式语义学的发展。

3.4.1 透明性

　　1947 年，柯林·罗在理想别墅的数学模型中用图解方式揭示了柯布的别墅与帕拉第奥别墅平面上相同的几何模式和数学关系，这种比较为柯林·罗找到了形式内在秩序的分析方法。在 1955 年他与画家罗伯特·斯拉茨基（Robert Slutzky）合写了"透明性"（Transparency）一文，从视觉角度寻找某种潜在的秩序或品质。文章介绍了两种透明性，一种即字面角度的"物理透明性"，另一种罗定义为"现象透明性"。从立体主义绘画的视觉特征讨论出发，柯林·罗和斯拉茨基进一步延伸

图 3-14 加歇别墅　　图 3-15 德绍包豪斯校舍

到建筑领域，他们比较了格罗皮乌斯的德绍包豪斯校舍与柯布西耶的加歇别墅，两者都强化水平向的延伸感，以及运用挑板结构，相似之处似乎仅限于此（图 3-14）。

包豪斯校舍在立面上运用大块玻璃，从外面可以看到内部的结构与布置同时透过内部玻璃再看到另一侧室外。工业生产背景下框架结构解放了传统的砌体建筑，立面与空间不断自由化，包豪斯校舍在他们看来是一种物理的透明性，是因玻璃这一工业化生产材料的属性带来的（图 3-15）。

在加歇别墅中，道路正对的平行投影视角也暗示了观察的正面性特征。"花园一面的开窗方式提示玻璃背后可能存在一个单一的大空间，它又让我们确信这一空间在长方向上同立面相互平行，它实际内部空间划分否定了这一推测，并且提供了一个主要的空间，它的长方向与我们的推测恰好垂直。而且，不管是主要空间还是辅助空间，这个方向都明显占据优势，并且通过一系列侧墙得到强化。"

3.4.2 内部性

包豪斯校舍设计中，格罗皮乌斯用大面积的玻璃展示工业建筑全新的通透形象，从而区别于古典的装饰外衣，获得了空间的解放。勒·柯布西耶的加歇别墅中，通过立面开窗形式去暗示背后空间的方向与关系，获得了更加丰富多义的阅读可能性。即使现代建筑内部空间实现一定的自由，视觉关注点仍然在于外部。

OMA（大都会建筑事务所）设计的 Axel Springer 出版公司总部塑造了一个被巨大玻璃面包裹的"山谷"空间，最突出的要素即阶梯状的开敞办公平台，信息共享在纸媒向数字媒体转变的进程中扮演了重

图 3-16 Axel Apringer内部

要角色，集体的工作场景和智慧通过戏剧化的中心舞台呈现，空间的内向性因为镜像等处理手法最大化，视觉的重心从古典的外在转移到内部（图 3-16）。在一定程度可以这么理解，共享建筑的内部获得了非句法的意义。

"透明性"暗示了超越空间与表皮的内在关联，试图阐释更广泛的建筑与文化语言、背后的社会伦理与人的使用关系。建筑工业、技术以及材料等限制淡化，不管是物理透明性抑或现象透明性，视觉的关注焦点都集中于外部或者说是内部空间分化作用下的外在逻辑，共享的透明性解放了内部，建筑成了新的窗口，试图呈现并放大建筑内部的场景，开放办公场所中的工作环境、剧院内部观演情景、居住空间的生活方式等事件性空间借由透明的媒介传递出来。

形式通过视觉的辩证，共享建筑作为一种媒介，与文丘里归纳的建筑类型"装饰的庇护所"不同，媒介不是符号化的表达，是建筑内部性在长久的外部高于内部这一传统秩序下的释放。

3.4.3 "空间漫步"向多维体验

多维的透明性

Multi-dimensional Transparency

内部的释放带来新的挑战，与勒·柯布西耶式的"空间漫步"不同，沿路径感知序列的运动美学被内部割裂，转变为一种情境的语义学。雷姆·库哈斯在波尔图音乐厅设计中，打破传统音乐厅的动线和内外关系。多数情况下，城市居民只能感受到音乐厅的外部形象，仅有小部分人能体验它的内部。波尔图音乐厅既能让建筑内部的人可以欣赏到外面的城市环境，同时让城市中的人可以尽量多地使用建筑内的设施及空间，建立人和建筑之间的联系，"鞋盒式音乐厅居中，其周围环绕了一条立体的、公众可以穿越的流线。这条通道既是参观建筑的流线，也是通往内部的对外开放公共设施的路径。分辨一下可以看出，当下音乐厅有一种定式，建筑师通过对于内外人流关系的思辨让建筑突破了这个定式"。同时，建筑的倾斜面配合玻璃的反射将外部的传统环境映射，内外之间通过立面透明与反射的双重特性实现了观察与游览丰富的体验（图 3-17、图 3-18）。

在 OPEN 事务所设计（以下简称 OPEN）的坪山大剧院中，同样通过空间和视觉手法增强人流的引入。OPEN 重新设计了任务书，在其中新增了咖啡厅、餐厅，以及市民文化教育等新的功能类型，"环绕核心

图 3-18 波尔图音乐厅内参观步道

图 3-17 波尔图音乐厅外广场   图 3-19 深圳坪山大剧院

的'戏剧方盒'主体，一条蜿蜒的步道引导公众在通往屋顶花园的空间
序列中，穿越了培训空间、彩排室、咖啡厅，以及各层花园平台"，共
享的透明性在建筑外部与内部之间增加了一层半开放的缓冲空间，从而
引导人从视线到漫游与之互动（图 3-19）。这种"深空间"的处理手
法，类似于透视法中将空间在纵深方向加深，在中国古典园林中，则常
可见于深浅空间的切换。

3.4.4 权利的透明

"曾经，城市具有不透明的自然特性；建筑师通过设计门窗的开口、
纵向照明、开放式房间和公共空间来获取有限的透明性。今天，默认的
状况就是电子化透明，你需要努力地制造有限的私人区域"。在规训的
当代城市，公共空间出于安全考虑，往往处在摄像头的监视下，令人望
而生畏。透明性到底仅仅意味着有关视觉的物理属性，是否同时传达了
城市空间与建筑的权力归属。空间的开放程度往往受许多因素影响，地
理位置、视觉的标志及通达路径的状况等都决定了公众使用的程度。如
古典的欧洲广场，往往有多条路径可以抵达，并且有显著的教堂或者塔
楼指引，市集、演奏等民主活动在其中不断上演，大卫·哈维所描述的
共享资源因为有了动态的事件，使其不仅仅是公共空间，而成为共享资

源。城市空间和建筑自身的透明性传达了使用权力的程度，私密的空间或建筑由门禁系统限制使用权限，出于管理与安检的需求，公共建筑散发出一种威严性的气质，典型的代表就如我国国家大剧院以"蛋形"的形象，配合周围环绕的水池，限定了外部观众进入的部位和方式，建筑强调的是完形的外在，尽管运用了大面积的玻璃幕墙，强化的仅仅是"大"的庄严形象，公众的使用和进入权力经过了过滤。离开可见的视觉因素，场地的权力属性从开放程度层面展示了对外的形式特征。权力在共享建筑中需回应公平与正义的社会议题，资本、权力与空间三者的平衡借由透明性的视觉主题提升到社会性的讨论。

3.5 公共与私密空间重组
Re-constructed Public-private Spaces

而随着网络端的介入，公共交往与共享空间紧密关联，公共与私密转换的门槛降低，公私重组成为共享建筑的重要手段。

With the development of Internet applicants, the threshold for the transfer of public and private space is lowered, and the reorganization of public and private space has become an important method of sharing architecture.

李德华等主编的《城市规划原理》中定义"城市公共空间狭义的概念是指那些供城市居民日常生活和社会生活公共使用的室外空间。它包括街道、广场、居住区户外场地、公园、体育场地……公共空间又分开放空间和专用空间。开放空间有街道、广场、停车场、居住区绿地、街道绿地及公园等，专用公共空间有运动场等。城市公共空间的广义概念可以扩大到公共设施用地的空间，例如城市中心区、商业区、城市绿地等"。

在 2020 年开始的新冠肺炎疫情中，人与人之间被"社交距离"限制，公共活动瞬间被取缔而公共空间意义不复存在。人们也试图在私人空间中开辟出公共空间，以家、阳台为舞台的活动出现在社交媒体上。可见公共交往是人不可剥离的一部分，随着社会及环境变化，尤其是网络端的介入，公与私的转换门槛进一步降低，公私重组成为共享建筑的重要手段。

此外，在建筑的内部，交通空间曾经一直被看作需要压缩和节约的空间，使用功能面积的效率"K 值"和"得房率"一直是评论性能的重要指标。但是在共享的视角下，在 Wi-Fi 和信息时代，图书馆的廊道成为扩大的阅览空间，住宅的门厅和走廊也可以成为共享的交往空间。从这个意义上来看，恩斯特·诺伊费德（Ernst Neufert）1936 年编写、不断再版改版延续至今的建筑设计手册（Bau–Entwurflehre）和中国建筑工业出版社 2017 年出版的新版《建筑设计资料集》（第三版）里关于各种建筑面积配比的关系，可能会迎来一次革命性的改写，建筑的公共部分（包括交通面积）将会大幅度增加，公私重组会给我们的建筑共享使用带来新的契机。

3.5.1 公共空间与私密空间

"城市公共空间与私有空间的传统区别正在削弱，诺里（Nolli）在绘制其著名的罗马地图的时候，这个区别还是显而易见的；他可以把城市范围内的公共空间网络（街道、广场和教堂内部）用白色标示出来，并囊括所有的细节，而把私有空间涂成平淡的灰色。"2000 年来幸存至今的最早建筑书籍——维特鲁威的《建筑十书》，已经有区别地将公共建筑与私人建筑分开阐述，由于行政事务处理的需求，公共与私人建筑功能逐渐分化、设施需求越来越具体。

"公共空间"作为一个特定名词最早出现于 20 世纪 50 年代的社会学和政治哲学著作。汉娜·阿伦特的《人的条件》是比较早讨论"公共空间"术语的著作。"城邦国家的兴起意味着人们获得了除其私人生活之外的第二种生活"，这样公民都有了两个生存层次：他自己的东西和共有东西有了明确的区分。

20 世纪 60 年代初，在建成环境中"公共空间"的概念才逐渐进入城市规划及设计学科领域，出现于刘易斯·芒福德和简·雅各布斯及其后的一些建筑学术著作中，雅各布斯在《美国大城市的死与生》中抨击了美国 20 世纪 50 年代以来功能主义的城市重建以及郊区化；荷兰建筑师凡·艾克反对公共与私有的二元对立，他认为从极度公共到极度私密是连续、渐进的过程，一个空间是公共的还是私有的取决于它的可进入程度、监管形式、使用和维护者，以及各自承担的责任。他在公共与私有空间中引入过渡空间，从而消除两者的划分，称之为中间空间（In-between Space）。

传统的建筑功能讨论公共与私密的二元关系，私人建筑主要是住宅而公共建筑是大众使用的，当代建筑无法用纯粹的功能类型去区分，出现了更多的复合功能建筑。从迪朗的类型学开始，针对不同的建筑类型，提出更加经济性的建筑平面与立面模式。现代主义的乌托邦城市

公共与私密

Public and Private

理念将城市设想成四类具体的功能分区。后现代的城市理论转向更加多元，更复杂的哲学讨论。功能混合理念一定程度上缓解了城市的危机、提升了城市的活力。当下共享时代，功能超越了简单的公私之分，借助虚拟空间，实现了三维的提升。原先的私密空间在线上维度不能简单地定位公私的属性。电子技术可以从私有空间向公共空间窥视，也可以从公共空间向私有空间窥视。例如宿舍里的网络摄像头和真人电视秀，将私有空间暴露在公众之下。体育电视转播将公共空间实时转播给电视前的观众，甚至可以制造更具戏剧性的公共空间里的私有空间分裂。

3.5.2 公共空间不一定是共享空间

公共与共享

Public and Sharing

　　公共空间与共享空间无法作出简单的比较，公共空间从来也不只代表实体空间，同样涉及可达性、公共性等社会、哲学相关概念。从公共空间到共享空间是西方空间理论到中国在地的转换，是社会经济尤其是共享经济形式兴起推动了城市空间的映射，是信息媒介流通与升级的新兴渠道。大卫哈维在《叛逆的城市》中提出公共空间、公共物品与共享资源之间有一个重要区别。城市里的公共空间和公共物品一直都在国家权力和公共行政的管辖范围之内，而它并不一定来自共享资源。当这些公共空间和物品很大程度上具有共享资源的品质时，需要市民和人们采取政治行动去占领它们，或使它们变成共享资源。

　　以往建筑常被看作某一固定功能的物化，设计系统往往先预设一种功能，从而相应地针对其设计。今天，稳定性逐渐被打破，临时性建筑不断涌现，它们功能及再现意义的永久性不复存在，设计初始就需要考虑建筑其他功能的适应性，设计的周期被拉长，大量的历史工业建筑如今面临更新、亟待改造，共享正是将老与新串联的关键。临时建筑的出现，借助于可变技术等，临时性需求产生了新的建筑类型，在自然灾害、卫生疫情等城市危机下，建筑的快速建造、多功能将具有更强的适应性。

3.5.3 共享可以促成建筑内部空间重组

　　共享在一定程度上模糊了公共与私密的界限，也弱化了建筑空间公共与私密的二元属性。建筑功能的可变性与兼容性使得功能与空间的对应关系变得模糊，同时提供了内部边界的重新划定和面积分配的改变的可能性。因此共享的出现使得建筑内部空间能够进行重组，并促成建筑面积分配的改变。

王硕设计的位于吉林的松花湖青年公社将大约三分之一的面积用于交通空间（楼梯、走廊等），这一空间同时也是一个可共享的线形区域（图3-20）。扩大宽度的走廊兼容休憩与阅读等功能，直跑楼梯形成上下层之间的联系。苏黎世的 MAW House A 通过两居室的小单元进行组合，并在缝隙处形成共享平台空间。传统居住功能中的客厅，餐厅等较为开放的功能被析出到单元外部的共享空间当中，形成了公共与私密的重组（图3-21）。

图 3-20 松花湖青年公社

图 3-21 苏黎世 MAW House A

3.6 共享的约定
Conventions of Sharing

共享建筑需要新的使用法则，来协调建筑的所有者（管理者）与使用者之间的关系。共享的约定，包括以下几个方面：①信息、预订和反馈的约定；②空间识别的约定；③功能和使用的约定；④共享礼仪的约定。这些约定，除了一部分刚性的需要成文的规则和协议，还有一些柔性的约定俗成，有待经过一段时间的实践逐步完善（图3-22）。

3.6.1 信息的约定

没有信息化，就没有今天的共享建筑。方便被搜索，需要高效的信息平台。这既可以运用专用的网页，更可以搭载公共服务平台。信息约定要符合使用习惯（尤其符合手机使用界面的习惯），至少要有 2~3 种不同的方式接入。

预约的界面，要做到简要、可信、相互认证、迅速反馈，如收费能及时完成。在这方面，后疫情时代的快递和外卖作出了很好的榜样。共享单车后起之秀哈罗，与支付宝的结合效率颇高。信息的反馈也是今天共享建筑提高使用率的重要方式，"网红"和"打卡"两个概念充分说明了这一因素，因为在今天，自媒体如此发达，共享建筑有可能成为普通人的秀场，给人们带来更多的愉悦（图3-23~图3-26）。

共享建筑需要新的使用法则来协调所有者与使用者之间的关系。

Sharing architecture requires new rules of usage to harmonize the relationship between the owner and the user.

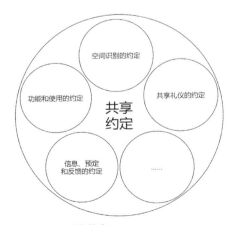

图 3-22 共享的约定

图 3-23 常州棉仓   图 3-24 上海上生新所

图 3-25 杭州天目里   图 3-26 苏州钟书阁

3.6.2 空间识别的约定

共享建筑的可识别性极其重要，而识别性首先不是现场的识别性，而是网络图像的可识别性。只有通过网络信息的传播，"按图索骥"才能服务更多的使用者。共享建筑的"定妆照"非常重要，会直接影响建筑设计的立场。

对于建筑空间本身，其识别性也非常重要：共享意味着不少使用者有可能不是"常客"。有四类识别的约定需要特别重视：

第一，标识的约定（Sign Agreement）。对于开放、共享的建筑，标识系统应该简明、易懂，不依赖文字。逐步形成较为统一的、有选项的通用标识体系。标识系统可以形成线上线下互通，通过扫码、链接等方式展开进一步的说明。

第二，对于必备的功能的约定（Basic Function Agreement）。例如信息台、查询对讲系统、人工服务、厕所、楼梯、安全疏散口、公共区等，要有明确的表示；其他相关重要空间要素，也可以通过设计方法加以明示或暗示。空间的组织，应该更加简明、符合行为逻辑，要有简便的纠错办法，让用户轻松地"回到上一级菜单"。

第三，对于使用者权限的分级界面的约定（Permission Agreement）。权限要表达清楚，避免造成误会。哪些是对所有公众的（Open），哪些是预约、付费访问者（Reservation）可以使用的，哪些是特约访问（VIP）的区域，哪些是内部工作区域（Staff Only），哪些是管理员区域（Administration）。建议的五级界面见表 3–1。

表 3–1　共享的五级界面

颜色	绿区	黄区	橙区	红区	紫区
分级	所有公众	预约、付费使用者	特约、预订区域	内部工作人员	管理人员
举例	前区，门厅	共享办公桌，共享健身区	共享厨房，共享会议室	员工办公室，员工更衣室	机房，监控室
管理	视频监控	实名，刷卡，扫码	实名，刷卡，扫码，认证	员工卡	管理员卡

第四，安全问题的约定。对于特定区域（水池、露台、屋顶平台）、特定条件（雨雪、大风、高温低温等）、特定对象（儿童、老人、病弱者、残障人士）的关心管理和约定，相关紧急设备的配置（心脏病急救设备、救生圈、防烟面具、救生绳等）。

3.6.3 功能和使用的约定

共享建筑与多功能建筑，虽然表象有点相似，但本质上是不同的。从共享经济的启发中我们可以看到，功能相对单纯，拿出"剩余"的资源来服务不同使用者，这是共享的出发点。这对共享建筑的功能和使用的约定颇有启发。在此提出几条建议：

1. 功能简明（Clear Function）

共享空间的功能整体上可以复合多样，但单个空间不宜功能太多。同一类功能可以适当重复，形成可移植可复制的使用体验。不同功能之间的边界可以模糊，但核心需求清晰。

2. 规则简单（Simple Regulation）

方便自助使用，操作便捷，即插即用。如果确有内涵丰富、较为复杂的功能（例如历史掌故、文化遗产、珍贵家具、复杂设备等），则需要有人现场服务。

3. 性能可靠（Performance Reliable）

由于出现多个使用主体，各类设备、家具物品，都需要更加结实、安全、可靠，易于清洁。各类可移动家具设备，要有清晰的复原路径；对用户携带的常用电气设备，要有便捷的即插即用使用引导（图 3-27）。

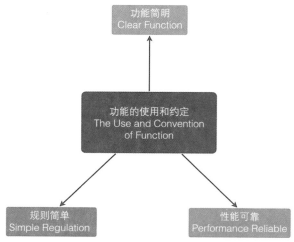

图 3-27 功能的使用和约定

3.6.4 共享建筑礼仪

一旦共享建筑成为常态，共享建筑的使用和管理的礼仪就像餐桌礼仪（Table Manners）那样十分重要。在遵守法律和社会公德的前提下，对于管理者和使用者双方都有需要礼仪的约束。

1. 对于管理方，共享礼仪有以下几个方面：

用户友好（User Friendly）：不论是免费还是收费的共享建筑，都应反映出对使用者的友好态度，文字和语音的告示、物品的设置、防护的形式，都应体现对不同用户的尊重。

监控节制（Limited Control）：对用户的视频监控、使用限制等方面的控制，应该有所节制，反映得体，尽量体现对使用者的信任。

尊重隐私（Respect Privacy）：用户在使用中的图像、声音、视频、笔迹、草图、废弃物品等应该得到相应保密，未经许可不能随意公开或转交其他方面。

合理偿责（Rational Compensation）：对用户在使用中的失误造成的损失，其赔偿条款应设定在合理范围内，不应采用高额赔偿条款吓唬用户。

守时（Punctuality）：开放和结束的时间应该符合约定，对使用者有一定的宽容度。

2. 对于使用方，其共享礼仪有以下几个方面：

整洁性（Clean & Tidy）：使用共享空间，无论是独用还是合用，都要保持相应的整洁。

节约（Saving）：水、电、气、纸等各种资源，应该节约使用，避免浪费。

爱护（Taking Care）：对共享空间及其物品设备应该爱护使用，避免人为损坏。

低干扰（Low Interference）：在声音、动作、视线、光影、气味等方面避免对其他使用者造成干扰和影响。

守时性（Punctuality）：根据约定时间进行使用，避免迟到；如需延长使用时间，则以不妨碍他人使用为原则，并应得到管理者认可（图 3-28）。

图 3-28 共享建筑礼仪

第 4 章

Chapter IV

共享建筑学的
机遇与挑战

Opportunities and Challenges
of Sharing Architecture

4.1 共享建筑与建筑策划
Sharing Architecture and Architectural Programming

共享建筑的视角为建筑策划带来六大变化：多义或随需求变化的功能；使用主体的多元；空间使用率代替保有率；不同投资主体介入后的使用与运营互补；应对时间变化的策划；建筑形式的变化。

The perspective of sharing architecture brings six major changes to architectural programming: multiple or changing functions in response to demand; multiplicity of users; use of space instead of retention; complementary use and operation with the involvement of different investors; planning in response to changes in time; and changes in building form.

4.1.1 共享建筑学介入建筑策划的必要性

建筑策划（Architectural Programming）是指在建筑学领域内建筑师根据总体规划的目标设定，从建筑学的学科角度出发，不仅依赖于经验和规范，更以实态调查为基础，运用计算机等近现代科技手段对研究目标进行客观地分析，最终定量得出实现既定目标所应遵循的方法及程序的研究工作。建筑策划是研究在建设项目总体规划立项之后如何科学地制定建筑设计的依据，是设计的前期工作和过程，是使用者和建筑师关于项目所关联的信息共识，是能评判设计结果的文件。建筑策划也同样适用于建筑学的相关专业如城乡规划、风景园林等。① 在这一环节中，建筑策划的任务是帮助建筑师和规划师找出问题并确立目标，分析建筑设计的原始条件，理解与项目相关的参数。建筑策划的过程需要体现理性、严谨与科学性。

共享建筑的特征因其建筑可以被其拥有者（或管理者）以外的多个主体使用，通过较为简便的程序，就使用的时间、空间、方式，以及是否支付、如何支付等进行约定；使用者在使用中具有一定的自由度和选择权，共享建筑学空间形式的表达，其核心在于"共"与"分"的关系。在共享建筑视角下，建筑策划的工作会发生六个方面的变化。

1. 变化之一：多义的功能

从固定或专属的功能趋向多义或随需求变化的功能。以购物中心的屋顶功能的利用为例，就有购物中心屋顶 + 滑雪场（芬兰 Koutalaki 屋顶滑雪场）、购物中心屋顶 + 运动场（日本 Morinomiya Q's Mall 屋顶跑道；上海长风大悦城凌空跑道）（图 4-1、图 4-2）、购物中心屋顶 + 宠物乐园（新加坡 NEX 购物中心）（图 4-3）、购物中心屋顶 + 摩天

图 4-1 日本 Morinomiya Q's Mall 屋顶跑道

① 刘敏.注重理性思维的培养——对《建筑策划》课程教学的思考与总结 [J]. 新建筑. 2009（5）：106-109.

图 4-2 上海长风大悦城凌空跑道

图 4-3 新加坡 NEX 购物中心

图 4-4 上海静安大悦城 SKY RING 摩天轮

轮（台湾统一梦时代购物中心高雄之眼摩天轮、上海静安大悦城 SKY RING 摩天轮）（图 4-4）等。

图 4-5 浦东图书馆共享区

2. 变化之二：多主体介入

使用主体的变化介入共享概念的建筑，使用主体从单一和专属趋向多元。如校园建筑与公共设施的分时和错时利用，使用者不仅限于校园里的师生，而是加入了周边的居民。公共图书馆除了看书的人，也可以是居民休闲和社交的场所等；住区的停车位根据使用情况可以在白天、黑夜，让周边车位不足的写字楼的人群与住户进行分时共用（图 4-5）。

3. 变化之三：减少保有

减少保有，提高和增加空间的使用率。江苏盐城高新区科技广场展现出一种设计文化科技类场馆的新方式（图 4-6、图 4-7）。不同于只强调纪念性与象征性地位，该设计以营造一个"市民共享"的建筑为基

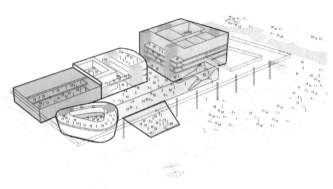

图 4-6 江苏盐城高新区科技广场

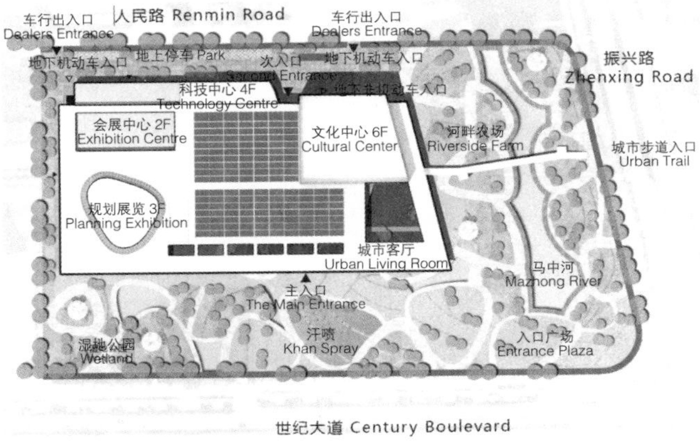

图 4-7 江苏盐城高新区科技广场

本理念，旨在将人们汇聚于此，自发性地使用这个空间，自发性地与环境、建筑、他人产生互动，充分体现公共性、开放与互动。

4. 变化之四：有偿与互补

不同的投资主体介入后的使用与运营的互补。投资主体在很多时候限定了空间的构成与使用功能，如全部为政府财政投资的项目在使用功能的定位上会拒绝"有偿""商业"等性质，介入共享建筑概念后，是否可以在厘清权属、增补服务功能的基础上引入外部资金，让建筑的功能更加完善而方便使用呢？

5. 变化之五：可变性

应对时间变化的策划及定位的多种可能性。建筑的功能不是一成不变的，而是随着时间的推移和社会发展的需求而变化。上海黄浦江滨江带的系列工业建筑的更新改造，多是 20 世纪建成的重要工业基地，为适应新的社会需求更多的从单一的工业建筑类型变身博物馆、展示馆、创意产业中心等。如杨浦滨江的"绿之丘"是利用原烟草仓库改造而成，设计师通过权衡原烟草仓库建筑拆留利弊、尝试土地复合使用并协调滨江开放空间与城市腹地关联实现了集市政交通、公园绿地、公共服务于一身的包容复合的城市综合体（图 4-8）。

图 4-8 杨浦滨江绿之丘

6. 变化之六：更强的合作

建筑的形式，建筑边界的模糊等都将随着共享概念的介入而产生多种可能性。

基于以上的分析，介入共享建筑学在设计前期的建筑策划有必要作更全面理性地分析与预测，在功能、形式、经济和时间所应对的目标、事实、构思和需求等诸方面更应具有开放性。同时，建筑策划阶段的预评价更显重要。

建筑设计程序可划分为建筑策划—方案设计—初步设计—施工图设计—建筑施工管理—使用后评价等六个阶段。共享建筑的属性多元使得在方案设计的前期引入建筑策划很有必要，既可以使项目的定性分析更具理性，也使建筑策划的定量指标更为合理。

在建筑策划阶段，参与者可为建筑策划咨询师、建筑师、甲方代表或管理者、建设项目的用户等，几方共同努力的结果是给下一阶段的方案设计提供足够的设计条件和提出明确的设计目标。设计条件包括定量的各项要求和指标，设计目标则是通过系列的程序分析得出提供建筑师在方案设计阶段需要解决的在功能、形式、经济、时间上的定性分项目标。在建筑策划阶段、专职的策划咨询师、建筑师因具有较全面的专业知识将发挥主导作用。

　　在方案设计阶段，建筑师将实现建筑策划结果所提出的各项目标，建筑策划尤其适用于项目建筑师负责制为主导的建筑设计市场。基于策划的建筑设计使项目在功能、形式、经济和时间的节点上有依据与原则可遵循，对建设项目立项以后从设计到施工以及建成后使用的经济性都能做到较好的控制。

4.1.2 基于共享建筑学理念的建筑策划

　　共享建筑学中的建筑空间及功能复杂性与多义性界定了建筑策划的功能、形式、经济和时间的几大要素的复杂、多维、善变，以及边界的模糊性，使用者对建筑需求的愈发苛刻，建筑策划中需要解决的问题也变得日益复杂。建筑策划中的预评价（Pre-Evaluation）的作用越发显现，预评价是对建筑策划程序中概念构想环节的预测评价工作的一个总结，它是在参考同类建筑的使用后评估的成果的基础上，依建筑的模式预测模拟建筑的使用过程并评价其投入使用后的结果进而进行反馈修正的过程，建筑策划中的预评价也是策划结果客观合理的重要保障。①

　　典型的 CRS 矩阵策划体系是以功能、形式、经济、时间对应目标、事实、构思、需求及问题陈述的信息矩阵分析表（表 4-1），矩阵表中的 A、B、C、D、E 等字母及数字后缀代表了横轴及纵轴交集后产生的信息集成，这些信息集成是经过策划团队在问题找寻过程中（Problem Seeking），使项目的目标、概念及构思、需求（定性与定量）应对功能、形式、经济和时间的全方位的信息收集及筛选后的整体表达，可以是关键词也可是关键词及说明的文字。

　　共享建筑学理念下的建筑策划，对信息的全面性和完整性有更高的要求，策划咨询团队组成更具多元、同时对多主体的利益诉求也更加关

建筑策划的预评价环节是策划结果客观合理的重要保障。

The pre-evaluation of architectural programming is a vital guarantee to the assessment of the programming.

共享建筑学理念下的建筑策划，对信息的全面性和完整性有更高的要求，需要在 CRS 信息矩阵原始结构图的基础上进行相应的扩展，以更好地为共享理念的建筑策划服务。

Architectural programming under sharing architecture has higher requirements for the comprehensiveness and integrity of information. It is necessary to expand the content of programming accordingly based on the original structural diagram of the CRS information matrix to better serve the programming in the context of sharing.

---

① 梁思思. 建筑策划中的预评价与使用后评估的研究 [D]. 北京：清华大学，2006.

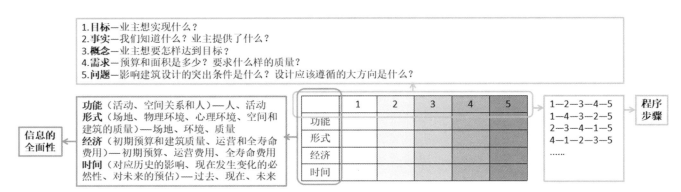

1. **目标**—业主想实现什么？
2. **事实**—我们知道什么？业主提供了什么？
3. **概念**—业主想要怎样达到目标？
4. **需求**—预算和面积是多少？要求什么样的质量？
5. **问题**—影响建筑设计的突出条件是什么？设计应该遵循的大方向是什么？

功能（活动、空间关系和人）—人、活动
形式（场地、物理环境、心理环境、空间和建筑的质量）—场地、环境、质量
经济（初期预算和建筑质量、运营和全寿命费用）—初期预算、运营费用、全寿命费用
时间（对应历史的影响、现在发生变化的必然性、对未来的预估）—过去、现在、未来

信息的全面性

	1	2	3	4	5
功能					
形式					
经济					
时间					

1—2—3—4—5
1—4—3—2—5
2—3—4—1—5
4—1—2—3—5
……

程序步骤

图 4-9　CRS信息矩阵分析及针对项目的拓展图

注，因此在 CRS 信息矩阵原始结构图的基础上，针对共享建筑学作出了相应的拓展结构图（图4-9）。

表 4-1　建筑策划信息矩阵表（普适性矩阵）

	目标	事实	构思	需求	问题陈述
功能	A1	B1	C1	D1	E1
形式	A2	B2	C2	D2	E2
经济	A3	B3	C3	D3	E3
时间	A4	B4	C4	D4	E4

注：表格中字母及后缀数字表示横轴与纵轴产生的信息集成

　　策划阶段的信息矩阵表格中，秉承全面可持续又需满足不同主体参与的功能诉求原则进行精准地分析和信息筛选，采用动态表述并根据项目发展需求的原则而在不同阶段有所侧重。将策划矩阵信息进行体系优化是希望得出的策划建议更具针对性，能够对后续设计提供支持。

　　增加信息矩阵表纵向的信息类型来表达研究项目现状和价值判断显得更为必要，经过对项目的梳理和分析增加人文和历史的价值类型，弥补普适矩阵表价值分析内容的不足；同时在信息搜集阶段有意识地引入文化价值、空间和精神价值的取向，可以减少冗余的信息。信息矩阵表的五步骤根据信息来源和阶段进行反复研讨和修正，以保证信息的客观性和有效性，从而提出合理的共享建筑在后续的规划与城市设计、建筑更新和环境设计中应解决的问题。

信息采集方法调研按照点、线、面层级来划分。信息矩阵表是具有丰富内涵的信息搜集工具，建筑策划活动的复杂性决定了信息搜集的复杂性。另外一个策划的要素是多主体，建筑活动是由多主体构成的，是信息的反馈和搜集的客观性和全面性的必要条件；多步骤是信息的搜集至问题的提出经过目标、事实、构思和需求等步骤，建筑项目和建设活动的复杂性决定了这些步骤的反复和修改；多层级是在功能、形式、经济和时间四要素下第二级内容，如功能中有人、活动和相互关系，信息的搜集内容就属于第三层级；多基础是信息的搜集本身有多重基础，以知识、合同和价值等为基础，在不同的项目中有不同的体现。因此信息矩阵表具有丰富和更深层次的内涵。[①]

多元共享的概念针对建筑设计的全过程而言，共享不仅仅是空间的使用方式，更是一种空间交换价值的再生。一方面是对共享建筑的整理发掘遵循多元生态差异化与异质性的包容及其对应的空间组织方式；另一方面是互联网时代多元、杂糅、不稳定且不断进化的共享行为，将如何影响空间的生产、交换与使用。信息矩阵表从基本框架细化至不同层级的信息矩阵（图 4-10），建筑策划的信息搜集侧重于多主体的信息搜集，这些均体现在此次的建筑策划矩阵表中。

互联网成功改变了人们日常生活和工作的方方面面，如今我们已全面进入"互联网+"时代，各行各业都已经或者即将全面地进行互联网改造，基于互联网思维的建筑策划具象来看由一维、二维进入到三维立体，从互联网的思路和抽象来看背景有虚拟和无尽的可能性。将互联网理念和技术应用到建筑策划的理论与方法研究中，基于互联网思维的建筑策划理论与方法体系也将有别于传统的思路与方法。其中，信息收集的网上调研，信息整理的互联网统计技术、信息筛选和

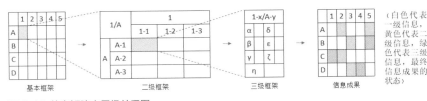

图 4-10 信息矩阵表层级关系图

① 刘敏，郝志伟，朱佳桦，张克. 嵌入建筑策划理论及方法的历史街区更新策略研究——以九江市庾亮南路整体更新设计为例 [J]. 建筑与文化，2019（1）：135-138.

过滤的模型设计，决策权重系数的确定对建筑策划定量需求的可靠性与精确性有了保障。协同思维、交叉协作，为提高建筑策划的工作效率和质量提供了新的指导方法。再有就是基于互联网思维的学科交叉，使建筑策划文本的参与主体、操作方法和策划成果的表达都有了新的预期。[①]

世界范围的大事件通常会搅乱世界原本的平衡，如新冠肺炎疫情让各国的经济计划及正常的平衡被打破，整体格局从开放到封闭、人员及产品从流动流通到相对静态和停滞、世界经济陷入了一种停顿不前的状态。大规模的人与人的面对面接触被认为不利于健康，长途旅行、集会、集市等日常性的活动都被迫压缩，从个人、家庭到社会都受到持续性的影响。疫情带来的显著变化的另一方面则刺激了虚拟经济和数字经济的发展，而移动网络的发展也促进了线上活动的进行和便利。网上课堂、远程教学、会议、购物等在有了相关 APP 的支持下受到全民追捧。

在后疫情背景下的共享建筑学涉及城市、建筑及环境的诸多方面。

后疫情时代的关键词：空间设计的防护性、绿色、韧性与健康、智能与智慧、活动空间的屏幕化等，共享建筑学中的建筑策划在城市层面或许架构空间是新型基础设施的集成体系，包括人工智能、大数据与云计算移动互联网（４Ｇ／５Ｇ）、传感网与物联网、混合实境（ＶＲ／ＡＲ／ＭＲ）、智能建造、机器人与自动化系统、区块链等新兴技术的集成。[②]共享建筑学中的实体空间或许可以向虚拟空间转化，CRS 建筑策划矩阵表中的关键词"时间"或许可以"转移"为无时间的时间，将超越有形空间成为整个生产—消费体系的主导价值，当然，通过恰当的呈现技巧，可以把无形时间转化为有形空间，这涉及有待发展的"时间可视化"方法体系；[③]共享建筑学可以涉及和探讨的内容更多，既可以是物质的又可以是精神的，既可以是实体的找寻又可以是虚拟的、信息的收集，既可以是二维的又可以是三维、分析软件的升级和更新，这些赋予了共享建筑学的建筑策划的多种可能性。

后疫情时代的策划与共享

Architectural Programming and Sharing in the Post-epidemic Era

---

① 任晓慧 . 基于互联网思维的建筑策划研究 [D]. 哈尔滨：哈尔滨工业大学，2016.
② 过俊 . BIM 在国内建筑全生命周期的典型应用 [J]. 建筑技艺，2011（Z1）.
③ 张宇星 . 终端化生存　后疫情时代的城市升维 [J]. 时代建筑，2020（4）：90-93.

4.1.3 后疫情时代的建筑策划实践示例

示例 1：针对上海市创智坊社区及其街道的外部空间，策划团队关注到了几个重要公共空间节点的适应性更新策略，将此类街区的发展作了比较详尽地展开分析并提出了合理的应对策略。希望明晰此次工作的出发点是适合后疫情社会问题的提出和落地的解决方案，不仅仅是技术问题，也需要重视社会问题。CRS 策划矩阵表关注了"打造商业独特 IP"，经济分析关注了城市与社区街道的活力中介空间的外摆商业、周末及夜间集市等（图 4-11）。

示例 2：在针对"同济新村的社区更新"中，关注到建筑策划的多元主体，并尝试了多主体的利益和权益平衡。策划流程及关注问题全面，调研及统计尝试了互联网工具的应用。在经济问题的方面上作了尝试性地测算和分析，强调了在实际项目中预算的限制和管控作用。也比较好地应用了 CRS 建筑策划信息矩阵表。信息的整理和过滤使策划能够关注问题的层级、权重并得到合理的解决（图 4-12、图 4-13）。

示例 3：策划团队运用 CRS 的方法、流程、思维模式对同济联合广场进行比较详尽的分析，某些策略和措施具有后疫情的思考，考虑了社区与综合体的联动和相互支持。在概念设计中考虑了餐厅的出餐模式，引起对在疫情期间受冲击最大的酒店的业态和服务模式的思考（图 4-14）。

"平疫结合"

Combining Normal Condition with
Epidemic Emergency

图 4-11 信息矩阵图

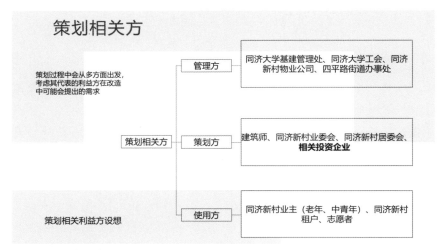

图 4-12 建筑策划多元主体

图 4-13 建筑策划流程

示例 4：策划团队的"平疫结合"的概念具有特色，针对建筑策划的信息分析比较到位，提出的策略可行。希望深入思考"平疫结合"概念，找出诸如"快递收取"、半室外和室外空间的界面等"平常"和"非常"阶段的使用方式（图 4-15）。

示例 5：多元与共享的青年住区居住社区空间及模式策划（图 4-16）。

建筑策划以理性的信息收集、分析和问题找寻建筑设计需要解决的问题，共享建筑视角下的建筑策划呈现功能扩展、去除或减少使用空间

05 | 问题归纳

CRS框架得出的12个主要设计问题，经归纳之后形成三大概念设计主题：多样化办公空间利用、文创主题休闲生活广场、多元地摊市集。

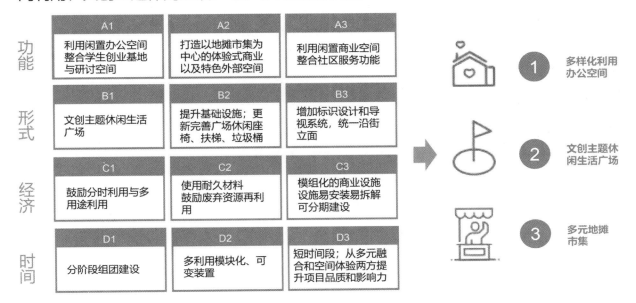

	A1	A2	A3
功能	利用闲置办公空间整合学生创业基地与研讨空间	打造以地摊市集为中心的体验式商业以及特色外部空间	利用闲置商业空间整合社区服务功能
	B1	B2	B3
形式	文创主题休闲生活广场	提升基础设施；更新完善广场休闲座椅、扶梯、垃圾桶	增加标识设计和导视系统，统一沿街立面
	C1	C2	C3
经济	鼓励分时利用与多用途利用	使用耐久材料鼓励废弃资源再利用	模组化的商业设施设施易安装易拆解可分期建设
	D1	D2	D3
时间	分阶段组团建设	多利用模块化、可变装置	短时间段；从多元融合和空间体验两方提升项目品质和影响力

1　多样化利用办公空间

2　文创主题休闲生活广场

3　多元地摊市集

图 4-14 共享建筑视角下的策划问题归纳

5 概念设计
空间弹性

未来在不同的空间下，社区公共空间会增添许多可能性，从而激发社区活力

空间弹性

空间属性　　组织逻辑　　空间需求

开放　　线性空间　　日常活动
封闭　　广场空间　　节事活动
　　　　单元空间　　防疫需求

临时隔离点/闲时储物间——防疫需求

农产品集市/跳蚤市场/单元展位——节事活动

儿童娱乐区/老年休闲区等——日常活动

疗愈花园/运动场地等——日常活动

社区大型活动——节事活动

艺术展览/社区宣传/展廊——节事活动

图 4-15 共享建筑视角下的"平疫结合"概念

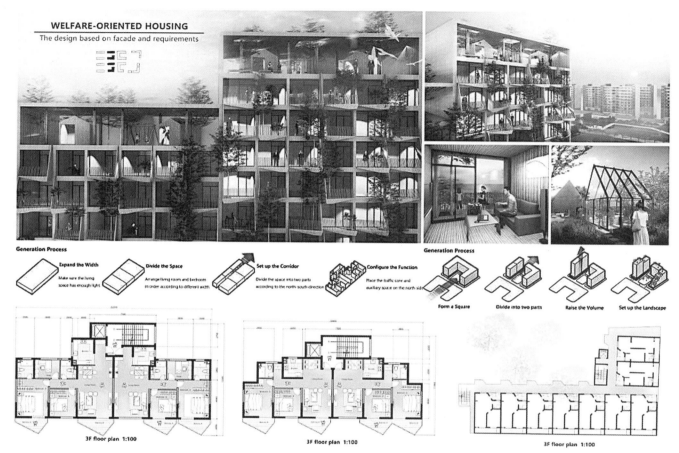

图 4-16 共享建筑视角下的策划问题归纳成果展示

的专属保有，而建议多元使用者主体、空间资源的复合利用、投资主体的补充而达到完善的社会服务功能、随时间变化的功能的适应性等。共享建筑学不仅改变了传统的对建筑及建筑设计的理解，对建筑设计的前期策划工作内容也产生较大的影响，本章探讨了共享建筑视角下的建筑策划的诸多方面，强调了建筑策划从 CRS 普适性矩阵到加载了共享建筑学要素后的 N 种信息拓展集成，并探讨了大事件、信息技术等新兴科技的发展对共享建筑学影响下的建筑策划的发展。

4.2 共享建筑与使用后评估
Sharing Architecture and Post Occupancy Evaluation

4.2.1 共享建筑学下引入使用后评估的重要意义

使用后评估（Post Occupancy Evaluation，简称 POE）是指在建筑项目建成并投入使用一段时间之后，对其进行系统和严谨评估的过程。使用后评估理论的原始依据是诺伯特·维纳（Norbert Wiener）的控制论，[①]该理论核心就是"反馈"机制，就是通过对不可控因素的信息获取和分析，以优化控制可控的要素。沃尔夫冈·普赖策（Wolfgang Preiser）等研究者认为使用后评估是指建筑建成并使用一段时间后，对建筑性能进行的评估，该过程包含数据获取、分析，以及结果与评价标准的比对等环节。[②]弗里德曼（Friedman）从心理角度认为使用后评估的重点在于建成环境是否满足并支持了人们的使用需求。[③]

国外使用后评估研究与现状建成环境评价在西方已有接近 50 年的历史，现已迈向市场化成熟阶段。威廉·佩纳（William M.Pena）和帕歇尔（Parshall）指出建成环境及设备的评价和建筑策划两者的关系，前者是设计的反馈（Feedback），后者是设计的前馈（Feedforward）。[④]其中威廉·佩纳的研究主要着手于对建筑策划的研究，早在《问题搜寻：建筑策划初步》（Problem Seeking，1969 年）一书中佩纳结合建筑策划提出了一套既全面又易于操作的方法程序，这一程序包含五个步骤：建立目标——收集和分析定量的信息——识别和检验定性的信息——作出评价——说明得到的经验和教训。佩纳最大的优势就是将建筑策划与 POE 在功能、经济、形式和时间上进行了结合（图 4-17），并在其 1987 年出版的《建筑策划问题搜寻法》（第三版）中进一步阐述了使用后评估的重要性，列举了使用后评估在功能、形

在国际上，建筑策划与后评估工作已成为建筑实践中的共识，在我国也是国家政策规范化建筑行业引导所明确要求的一项重要工作。对于共享建筑学语境下的项目建设全过程，也有必要引入使用后评估作为闭合体系的最后一环。

Architectural programming and Post Occupancy Evaluation（POE）work have become a consensus in construction practice in the international community, and it is also an important work required by the guidance of the national policy standardization of the construction industry in China. For the whole project construction process in the context of sharing architecture, it is also necessary to introduce POE as the last step of the closed system.

---

① （美）N. 维纳. 控制论 [M]. 郝季仁，译. 北京：科学出版社，2016.
② Preiser W, Vischer J. Assessing Building Performance[M]. London: Taylor & Francis Group, 2005.
③ Friedma A, Zimring C, Zube E. Environmental Design Evaluation[M].New York: Plenum Press,1978.
④ Parshall Steven A, William M. Pena Post-occupancy Evaluation as a Form of Return Analysis[J]. Industria Development, 1983: 32-34.

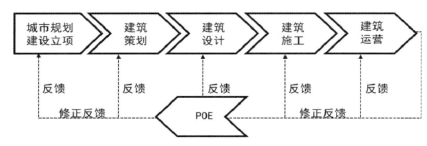

图 4-17 建筑项目建设全流程示意图

式、经济和时间四个维度上的评价方法和指标。

此外，罗伯特·卡姆林（Robert R. Kumlin）对威廉·佩纳（William M.Pena）的策划方法进行了扩展，提出了三段式系统，更注重强化相关信息的采集和整理，运用现代技术分析归纳了研讨会的形式。由此可见，使用后评估与建筑策划在国外的发展总体呈现出平行或交叉的关系，二者总是互相联系、密不可分。普莱塞[1] 在其著作《Post Occupancy Evaluation》中，对建筑使用后评估领域进行了大量的研究之后提出了建筑使用后评估的评估过程模型，并根据评估深入程度的不同，可以开展三种级别的建筑使用后评估，分别为：陈述式使用后评估、调查式使用后评估和诊断式使用后评估。

陈述式使用后评估，直接描述出被评估建筑性能方面的成功和失败之处。这种类型的评估通常是一种快速的、通过式评估，它的前提是评估人员或评估小组在后评估方面富有经验同时熟悉被评估建筑的类型。 调查式使用后评估经常运用在当陈述式 POE 找到了关键问题，并需要更深一步研究的时候。陈述式 POE 强调主要问题，而调查式 POE 对特殊问题的评估更加详细和可靠。陈述式 POE 在评估中使用的性能标准和原则主要建立在评估人或者评估小组的经验基础上，而调查式 POE 依据的评估原则是客观而精确地表述出来的。 诊断式使用后评估是最全面的、用时最长、调查最为深入的。它一般遵循一种多方法的策略，包括问卷、访谈、民意调查、观察、实物测量等，所有的方法都适合于同类型建筑的横向对比评估。诊断式 POE 评估的目标不仅仅是为了改善某个特殊的建筑，更是为了考察这种建筑类

[1] Preiser W.F.E. Post Occupancy Evaluation: How to Make Buildings Work Better[J]. Facilities, 1995,13(11): 19-28.

型的现有水平，以及对建筑实体、环境与行为表现之间相互关系的考察。对于数据收集和分析技术来说，其复杂性超过了前面两种 POE 方法。[①]

　　我国的使用后评估理论研究起步较晚，国内现有的对于使用后评估理论的研究大多局限于以高校教师团队为主，聚焦对使用后评估理论的研究，以及对高校学生的普及课程。

后评估研究在中国

Post Occpancy Evaluation in China

　　吴硕贤对于使用后评估的研究最早始于 20 世纪 80 年代对厅堂音质的研究评价，随后对评价方法的研究推广和发展到对居住区建成环境的评价，其团队朱小雷在《建成环境主观评价方法研究》中提出了"结构—人文"主观评价方法体系及评价的过程模型。[②] 郭昊栩在《岭南高校教学建筑—使用后评价及设计模式研究》中提出要从建成环境主观评价方法入手，以建筑使用者主观感受及环境体验为中心，运用定性与定量相结合的多种评价方法工具。[③] 清华大学庄惟敏团队在其对建筑策划研究的基础上拓展了以"语义差异法"为中心的建成环境评价方法，强调基于社会学的调查研究方法和环境实态信息收集方法。在其著作《建筑策划导论》中系统地介绍了以日本住宅空间为例的具体评估方法；并在其《后评估在中国》[④] 和《建筑策划与后评估》[⑤] 两本专著中，更加明确

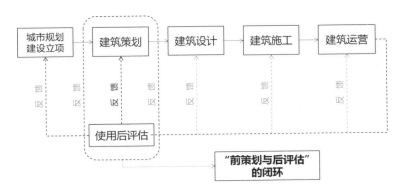

图 4-18 建筑策划的闭环系统

① 韩静，胡绍学 . 温故而知新——使用后评价（POE）方法简介 [J]. 建筑学报，2006(1): 80-82.
② 朱小雷，吴硕贤 . 使用后评价对建筑设计的影响及其对我国的意义 [J]. 建筑学报，2002(5):42-44.
③ 郭昊栩 . 岭南高校教学建筑使用后评价及设计模式研究 [M]. 北京 : 中国建筑工业出版社，2013.
④ 庄惟敏，梁思思，王韬 . 后评估在中国 [M]. 北京 : 中国建筑工业出版社，2007.
⑤ 庄惟敏，张维，梁思思 . 建筑策划与后评估 [M]. 北京 : 中国建筑工业出版社，2018.

群决策理论

Group Decision Theory

地提出了"前策划—后评估"这一建筑全过程的闭环系统（图 4-18），以强调使用后评估作为建筑设计体系化建设进程中的重要反馈环节的重要性。

其他具有代表性的使用后评估研究团队主要以崔愷团队、何镜堂团队、刘家琨团队、李兴钢团队、涂慧君团队等为代表。

多主体参与的群决策理论是由涂慧君在《运用建筑空间语境诠释城市大学精神》一文中提出的，并在《建筑策划学》一书中逐步完善。基于多主体参与的群决策方法，即基于多主体理论，利用数据整理和科学算法，促使项目的形式、功能、经济、时间等决策，进而得到更加合理与有效的数据收集与探究方向。[①]

面对大型复杂项目中知识和信息的快速增长，决策问题具有层次复杂、数量庞大的特点。依靠个人经验和智慧，很难掌握所有必要的信息、处理所有决策问题，需要不同的知识结构和不同经验的人来参与。群决策方法能充分考虑大型复杂项目中不同社会群体和利益群体的需求，有效公正地进行决策，处理好各主体的利益冲突，使决策行为更加完善和科学。"群决策"为科学、公正地决策问题提供了一条有效途径。在解决实际复杂工程问题时，"群决策"方法可以收集多个领域的知识和信息，通过协调与合作更好地解决复杂工程中的各种问题。其次，"群决策"方法能有效地考虑多方的利益诉求，降低决策风险。

多主体参与的群决策理论通过信息原则（主体有获取和提供必要信息的途径）、责任原则（主体必须要承担决策带来的相应后果）和影响力原则（决策主体在决策过程中具有一定的决策权利）来界定参与使用后评估的各个主体，并将其归为四类：政府、公众、专家、利益关系人（图 4-19）。

将多主体群决策方法引入使用后评估，即通过对多主体受访者进行问卷调研、信息收集、偏好归纳等相应分析。由于不同受访主体社会背景、社会地位与社会分工的差异，决定了各主体间具有不同的社会属性和思维方式，因而在评价过程中各主体之间存在着不可忽视的客观差异。通过将此方法引入建筑设计、城市规划、城市设计、城市更新、校园规划等多元领域，可以得到更为科学的数据信息与分析结论。

---

① 涂慧君 . 建筑策划学 [M]. 北京：中国建筑工业出版社，2017.

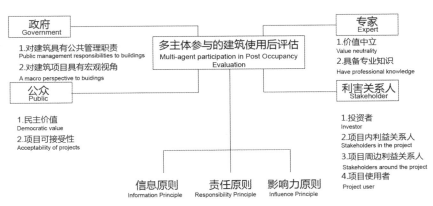

图 4-19 多主体参与的建筑使用后评

4.2.2 共享建筑学下的使用后评估

建筑的能耗表现（Energy Performance）、室内环境质量（Indoor Environment）以及使用者调查（Occupant Survuy）是当前使用后评估体系主要侧重的三个方面。一方面随着信息时代计算机技术的飞速发展，针对这三个方面所采用的方法和技术有了很大的提升。如大数据、GIS、BIM、空间句法等技术的崛起为使用者调查提供了更为客观、准确的数据支持。这些高精度、高度智能化的测量工具和分析软件不仅提高了数据的收集效率，也大大增加了评估结论的准确性。

另一方面，随着信息时代下建筑理念、空间、功能、形式的发展演变，后评估内容的侧重点也随之变化。如绿色、环保作为世界各国广泛认同的建筑理念，已成为使用后评估的一项重要衡量指标，随着其评价标准和评价方法的引入，对于建筑性能、能耗、室内环境质量的评估也更为重视；而随着"共享"成为城市发展、建筑创作的重要理念和手段趋势，使用后评估的侧重点也从物理环境质量评价转向共享空间的使用性评价。

近年来，随着经济全球化与互联网共享经济的高速发展，共享建筑学以一种新的设计理念，成为建筑创作多样性和功能复合性的推动力。共享建筑学通过设计带动城市资源和社会服务的共享，有助于改善空间环境并增进日常交往联系，引导可持续性的生活方式。[①]如 SOM 设计的

共享理念下的使用后评估，其重点从物质环境质量的评价转向空间的使用性评价。后评估应成为共享建筑学语境下项目建设全过程的"闭环"，也应成为城市空间使用和归属界定的重要环节。

Post Occupancy Evaluation (POE) in sharing concept shifts its focus from the evaluation of physical environment quality to the evaluation of spatial usability. POE should be a "closed loop" in the whole process of project construction in the context of sharing architecture, and should be an important part of the definition of the use and ownership of urban space.

① 屈张，新加坡的共享建筑和城市实践——以新一代公共住房项目为例 [J]. 城市建筑，2019，16（31）：86-90.

新学院大学中心中，在一栋巨型建筑中完成了各个教学功能的实现，成为一座"共享"校园。库哈斯设计所的康奈尔大学建筑系米尔斯坦因馆，悬挑结构为室内形成错综复杂的链接通道和动态的空间流动，创造了无限可能性的"共享"空间等。共享建筑学作为塑造未来建筑和城市形态的重要方法，不仅是建筑创作多样性及技法的推动，同时应该成为公共建筑和城市发展大事件的评价导向标准。因而如何评判这些共享建筑学领域的建筑及其共享空间就显得尤为重要。

使用后评估是建筑理论与建筑实践的联结点，是项目建设全过程闭合体系的最后一环，也是关键的一环。使用后评估对建设目标及评价标准的确立和修正、建筑设计规范和法规的形成、建筑设计方法论的完善和系统化具有重要的意义。[1] 因此，对于共享建筑学语境下的项目建设全过程，也有必要引入使用后评估作为闭合体系的最后一环，其评估内容聚焦于"共享"，评估对象则为共享建筑及共享空间。

共享建筑学的另一个视角则是城市公共空间的领域，将共享理念运用到城市共享空间之中的实质其实是对空间使用权和归属权的新定义。随着城市化进程的发展，现代城市与传统城市的区别也由最基本的空间划分转变为让渡空间。因而对于城市共享空间的界定和相应的使用后评估也尤为重要。

一方面，共享建筑功能复合化、空间多样化，涉及的要素多元、复杂；另一方面，参与共享建筑使用后评估的不同主体在社会中存在着不同主体有着不同的社会属性、社会分工与环境介入方式，因而各个主体之间存在客观差异性，具有利己性和偏好性的特征。因此，相对传统的使用后评估方法，多主体参与使用后评估的方法能更加系统、准确地对共享建筑进行评估。

多样化与多主体

Diversity and Multi-subjects

---

① 庄惟敏，党雨田 . 使用后评估：一个合理设计的标准 [J]. 住区研究，2017（1）：132-135.

4.3 共享建筑的风险
Risks of Sharing Architecture

4.3.1 共享建筑的潜力与风险

在城市化、信息通信技术、社会包容与写作、经济危机的驱动下，共享成为经济发展的新兴模式。共享经济指将传统经济中的所有权转变为使用权的转移，使消费者（使用者）可以重新定义商品的所有权、特性还有空间意义。具体到共享建筑而言，相对于传统固定的业主——使用者关系，不确定的使用者带来更多的空间的定义，可以更加自由地选择在空间中的活动方式，以及人员组织方式。这种现象也逐渐带来消费偏好的转变：与仅仅拥有资产相比，拥有临时的、甚至使用共享的资产变得更加具有吸引力。[①]

在资源节约诉求增加、万物互联和后疫情的时代背景下，与社会的发展和技术的进步密切关联的共享建筑学，作为一种新的设计理念，成为建筑创作多样性和建筑意义改变的推动力。[②]但事物的发展具有不确定性，共享建筑的发展在带来机遇的同时，也可能触发潜在的风险。本节由共享建筑的特点出发，对共享建筑的前景进行预判，总结其在环境层面、经济层面和社会层面可能存在的风险及其应对措施，减小其可能诱发的消极影响（图 4-20）。

共享建筑基于对等（P2P）活动的经济模型，通过公共平台获取信息，提供或共享建筑或内部功能的使用权，有助于更好地利用闲置资源。其产生的经济活动较为复杂，有利用空间本身产生的经济效益，如共享住宅是通过让渡使用权获得直接经济效益，而一些新兴的共享商业建筑则是通过为使用者创造更多的服务机会和交易机会，来获得间接经济效益。

以共享办公企业 WeWork 为例，自由职业者可以用相对低的价格租用办公桌或办公室，而无需支付整个建筑物或套房的开销和费用，并且该空间提供了完善的办公设施和娱乐。根据《WeWork 全球影响

在城市化、信息通信技术、社会包容与写作、经济危机的驱动下，共享成为经济发展的新兴模式。共享建筑的发展在带来机遇的同时，也可能触发潜在的风险。

Driven by urbanization, information and communication technologies, social inclusion and writing, and the economic crisis, sharing has become an emerging mode of economic development. The development of sharing architecture may trigger potential risks as well as opportunities.

共享建筑有助于充分地利用资源，通过提供物理办公空间降低企业商务成本、提供创新创业周边服务。

Sharing architecture help make the best use of resources, reduce business costs by providing physical office space, and provide services around innovation and entrepreneurship.

---

① Bardhi F, Eckhardt G. M. Access-based Consumption: The Case of Car Sharing [J]. Journal of Consumer Research, 2012, 39(4).
② 李振宇, 朱怡晨. 迈向共享建筑学 [J]. 建筑学报, 2017(12):60-65.

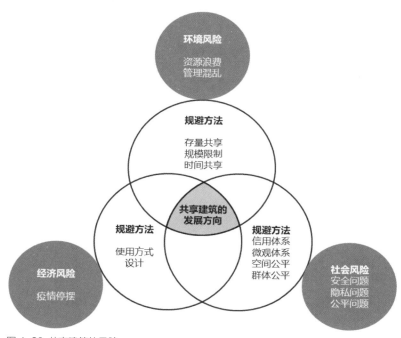

图 4-20 共享建筑的风险

力报告》显示，通过在全球 75 个城市的数据收集和分析，共享办公对初创企业、中小型企业和全球性大企业的蓬勃发展和运营效率都有着积极的影响。与传统的办公空间相比，共享办公独特的创造者社区能大幅提高企业员工的创造性、工作效率、开心指数。70% 的 WeWork 会员表示在入驻前没有在周边办公的经历，而会员加入当地社区即增加了在周边餐馆和商店的消费活动，表现出共享办公在促进区域发展上不可忽视的积极经济辐射力。[①] 可以看出，共享建筑有助于充分地利用资源，通过提供物理办公空间降低企业商务成本、提供创新创业周边服务，从而提高企业生存发展空间。共享资源为双方都带来了经济利益，有助于资源的节约。

　　共享经济和共享建筑是传统公共服务的有效补充。共享经济在交通出行、医疗、教育等众多领域的发展，使得公共服务在不同群体之间、地区之间、城乡之间的分配更为均衡，有效弥补了公共服务在部分群体、部分区域的覆盖缺失。共享建筑成为调配公共资源的载体，例如，

① HR&A. WeWork's 2019 Impact Report [R]，2019.

共享办公   共享教室   共享病房

图 4-21 共享建筑使资源合理再分配

在教育领域，共享教室使落后地区能够享受先进的教育资源，在一定程度上缓解了教育资源分配不平衡问题；在医疗领域，共享病房实现疑难杂症患者与医院名医之间的对接，使得落后地区也能享受高质量的医疗服务（图 4-21）。[①]

4.3.2 共享建筑的环境风险

在享受共享经济带来的效益与便捷的同时，一个不容忽视的问题是其可能带来的资源浪费与环境风险，如过度投放引发的"共享单车坟墓"现象。

2015 年第一批共享单车面世，以低廉的价格和便捷性吸引了大量用户。随着市场的扩大，许多自行车共享公司享受了政策优惠和风险投资，开始大量地投放共享单车。在接下来的几年造成了一系列的问题：①共享单车坟场：共享单车严重的供过于求带来了废物处理问题。数百万辆废弃的自行车到处堆放，并阻塞公共场所，造成了巨大的资源浪费。很多单车从投放到废弃不足短短一年，还需要大量的人力和场地去回收处理。②共享单车清淤：共享单车在城市中的运行并非均质扩散，而是一个熵减的过程，大量的单车会逐渐聚集到地铁站和商业、教育场所，这些单车需要专用的"清淤"车辆重新分散到城市的各个地区。③共享单车禁令：住宅小区内部由于场地限制，拒绝共享单车入内，此外一些办公园区也限制共享单车入内，这些禁令容易造成门口停车拥挤。

共享经济容易造成资本涌入、社会资源浪费，因此需要提出约制性措施：限制共享规模和规范共享行为。共享建筑环境风险的应对：推进针对公共建筑和存量建筑的共享。

Sharing economy is easy to attract capital inflow and cause waste of social resources, so it is necessary to put forward restrictive measures: limit sharing scale and standardize sharing behavior. Measures to cope with the environmental risk of sharing buildings include: promoting the sharing of public buildings and existing buildings.

---

① 国家信息中心分享经济研究中心 . 中国共享经济发展报告 [R], 2020.

存量共享：体育设施的存量共享

规模限制：旧金山邻里农业

图 4-22　共享建筑环境风险的应对

疫情给全球共享经济带来新的挑战，共享建筑需要适应防疫的需求。

The COVID-19 pandemic has brought new challenges to the global sharing economy, and sharing architecture need to adapt to the needs of epidemic prevention.

　　共享经济容易造成资本涌入、社会资源浪费，因此需要提出约制性措施。约制性措施可以有两方面：一是限制共享规模，因为共享产品本质属性是闲置的资源，而非资本市场不断供应的商品。否则将不能有效地节约资源，反而会因为市场行为（同行竞争、区域投放的不平衡）而造成环境资源的浪费。共享建筑的策划和设计也是如此，只有当产品在满足自身的使用功能下，将空闲的时间或空间进行共享；二是规范共享行为，针对共享活动中原使用者和参与者可能出现的问题进行设计（如上文提到的日本民宿，法规的限制使得民宿每年有一半以上时间是作为自住或长租的，以保证社区居民的利益，维持居民间的联系），而不只是以共享的名义进行产品包装，这样才能避免造成浪费和其他风险。通过相关法律法规对共享资源的规模进行规范与限制。如旧金山市推行的邻里农业项目（Neighborhood Agriculture）中，政府调整土地利用法案，允许在一英亩以下的用地范围内建设共享社区菜园，对用地规模的限制使得一些公共的绿地和空置土地得以在居民参与重用的同时，避免土地资源的过度开发和浪费。

　　从长期来看，共享经济有充足的发展动力，共享建筑也将成为其中重要的推动点。为降低共享建筑潜在的环境风险，可以从以下几个角度进行策划与设计：① 推进针对公共建筑的共享，注重存量建筑的共享，可以在尽量不额外增加资源的前提下高效地推进共享行为。如高校体育设施在非授课时间对周边居民开放等。② 除了"资源共享"的策略外，可以大力推进"时间共享"。在全球首个提出建设共享城市的首尔，政府机构与居民区合作，在下班时间开放共享停车场，并将办公大楼的会议室、礼堂等在不使用的时间，通过专用网站面向市民以优惠的价格租用。通过"时间共享"的方式，在不制造新资源的前提下，优化资源的使用率（图 4-22）。

4.3.3 共享建筑的经济风险

　　2019 年末突发的新冠疫情为全球共享经济带来新的挑战。随着出行和聚集活动大量的减少，许多共享产品面临着无人问津的风险。从国际通行的疫情管控方式来看，共享经济下的许多行为似乎与管控措施相悖：① 限制人员聚集和减少出行，意味着共享交通工具和共享住宿需求会大量减少；② 使用人员登记和健康记录，意味着一些原本无人的如共享餐厅、共享超市等需要安排人员进行管理；③ 防疫定时消毒要求，意味着大量增加成本，以及一些接触性产品如共享汽车、共享充电等都面临着传播病毒的问题。即使在疫情趋于缓和，共享经济逐渐恢复的情况下，这些问题仍是在未来共享产品所要面临的经济风险。

共享建筑需要适应防疫的需求，也需要在设计中融入新的理念来平衡共享活动与社交距离。在国外，一些共享社区也在疫情期间制定了居住指导，如 WeLive 社区保留开放一些共享空间（例如，共用休息室、洗衣房和健身房），但制定了严格的防疫准则，居民可以进行活动并彼此交流，增强了共享社区的亲和力。根据社区的报告，居民正在以新的方式互相支持，虽然每周的聚餐取消了，但居民会在大厅留下做好的食物与其他人分享。社区成员还找到志趣相投的居民，通过在线聚会的方式，分享摄影作品或进行视频健身课程。[①] 健康专家认为，疫情期间，社区居民容易产生心理健康问题，共享社区在一定程度上有助于缓解人们的紧张和焦虑，与他人共同面对疫情影响。

针对疫情期间卫生问题，一些设计公司也从城市设计层面给予建议。作为共享活动的重要场所，城市的街道需要确保人们的安全和流动。美国全国城市运输官员协会（NACTO）的团队发布了指导方针，为城市提供在 COVID-19 危机期间，以及疫情后重新恢复和改造街道的策略。主要包括有关以下街道策略的详细实施信息：包括管理速度，人行道扩展、安全过境、开放 / 游憩、户外用餐、市场、学校街道、聚会与活动等等。每一项内容都有着相应的城市设计导则，如"户外用餐"要求在路肩区域设置有保护的就餐区，并设置交通标识和围挡。[②] 在满足街道共享活动的同时，保护人们的健康和安全（图 4-23）。

4.3.4 共享建筑的社会风险

万物互联的本质是万物数据化。高速网络和移动通信技术将分散

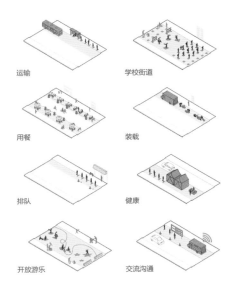

运输　　　　　学校街道

用餐　　　　　装载

排队　　　　　健康

开放游乐　　　交流沟通

图 4-23 后疫情时代街道改造策略

共享建筑的发展离不开万物互联和信息开放，但也正因如此，可能带来三个社会风险: 安全问题、隐私问题、公平问题。

The development of sharing architecture is inseparable from the interconnection of things and the openness of information. However, as a result, it may bring three social risks in three aspects: security issues, privacy issues, justice issues.

① Overstreet K. Social Distancing in a Social House: How Co-living Communities are Designed to Handle COVID-19 [N]. ArchDaily, 2020.
② NACTO. Streets for Pandemic Response and Recovery[R], 2020.

万物互联与共享的挑战

The Challenge between Everything Connected and Sharing

的个人、公共服务、商品、管理、建筑等系统全部连接在一起。这种连接为建立共享平台提供了条件，有了平台，将会激发社区和居民的意愿，通过提供自己的商品和配套服务来参与经济发展。参与共享经济可以成为一种额外的收入来源，并有机会从知识和价值网络中获利。[①] 万物互联的价值在于资源链接产生的效益是指数增长的，即梅特卡夫定律（Metcalfe's Law）。罗伯特·梅特卡夫认为，网络的价值与联网的用户数的平方成正比。因此，无论是日常小型产品还是建筑，都可以通过加入共享平台放大其价值。

万物互联不仅是商业模式的发展，也给建筑类型带来了多样的可能性。在共享建筑的理念下，建筑的空间类型和组合方式不再是独立的，而是可以看作是更大的系统上的节点，在一个无形的网络上不断地连接交互。在这一前提下，能够与外部衔接、易于改造、可组合的空间会越来越多地出现在设计中，这种空间是传统功能导向和新时代共享导向的结合体，这也是万物互联时代的特点。

除了万物互联，政府部门的信息资源公开也是推动共享经济发展的重要环节。国务院发布的《促进大数据发展行动纲要》（国发〔2015〕50 号）和《2016 年推进简政放权放管结合优化服务改革工作要点》（国发〔2016〕30 号）中，提出公共信息资源开放的总体要求和目标，要求推进和规范了公共信息资源开放，释放了信息资源的经济价值。截至 2019 年，已经有 50 多个地市开放了平台，开放了约 15 个领域数据。共享建筑可以利用这些开放的信息资源，更准确地把握产业发展的动态和机遇，为新的共享方案提供决策。

万物互联与信息开放在为共享建筑的发展提供基础的同时，也可能会触发使用安全、隐私泄漏和公平公正等社会问题。

1. 安全问题

共享经济基于用户和提供者之间的信任与协作。共享经济供需双方均为陌生的个体，需要凭借良好信任体系实现共享。但由于缺乏监管，仍有很大的概率出现安全问题和纠纷。例如，共享住房的拥有者却未必每次对房间状况和住户情况进行检查；还有在媒体上经常可以

---

① Ikkala T, Lampinen A. Monetizing Network Hospitality: Hospitality and Sociability in the Context of Airbnb[M]//In Proceedings of the 18th ACM Conference on Computer Supported Cooperative Work & Social Computing. New York: ACM, 2015.

看到，由于共享建筑用户的不规范行为甚至或恶意行为，给后续用户造成使用困扰和人身伤害的新闻。由于多数共享产品基于网络平台、不少还是个人与个人之间（C2C）的电子商务，与当前的法律法规不完全一致，出现的纠纷和责任认定难以判定，共享建筑容易产生安全隐患。

对于安全问题，目前的主要措施是通过平台进行身份证信息验证、社交账号登录、移动支付信用担保、保险赔付等多种技术与制度创新构建信息体系，实施交易诚信约束；此外，也会对共享产品的所有人和平台运营商进行监管。在一定程度上，加强个人信用体系建设，保证诚信和信息透明，可以保障共享产品的使用安全。

2. 隐私问题

实际上，以互联网为中间平台的共享过程通常涉及个人信息的交换。双方的地址、手机号、信用卡信息、地理位置、消费偏好、甚至个人社交账号，这些信息都可能被公开。关于公开和交换个人信息，重要的是要解决可能发生的隐私泄漏问题，这一问题也会影响到人们参与共享活动的积极性。[①]

对于共享建筑而言，通过自我管理是解决这一问题的基本办法，在设置共享服务时，应该通过设计，既可以促进充分的交流，又可以保护用户隐私。如：① 个人区域应设置独立的门禁；② 公共区域应有不同的流线可达；③ 在设施配置上，需要应考虑多组人群同时使用的需要，空间分隔应具有可变性；④ 在使用共享设施时提供的个人信息，除管理者外，不应被其他人所获取。日本建筑师山本理显在一个"交流空间模型"的概念设计中，对居民共有领域的空间形式和组织方式进行了探讨，山本理显希望加强通过对交流空间进行设计，并鼓励各种小规模功能的综合，例如商店、餐馆、办公、幼儿园、公共客厅等，[②] 从这些微观体系入手重新组织人与人的社会关系网，但同时也保证了各自的隐私（图4-24）。

图 4-24 山本理显的公共空间理念从微观体系入手重新组织人与人的社会关系网

① Andreotti A, Anselmi G, Eichhorn T, Hoffmann C. P, Micheli M. Participation in the Sharing Economy[R]. Report for the EU Horizon 2020 project Ps2 Share: Participation, Privacy, and Power in the Sharing Economy, 2017.
② Yamamoto R, Shop F. Community Area Model [J]. Koreisha Magazine, 2013.

图 4-25 Kampung Admiralty建设功能复合化的组屋和老年服务设施，回归到甘榜屋时代各年龄段交融的社区生活

3. 公平问题

尽管共享经济带来了好处，但也带来了社会公平问题，容易造成弱势群体和社区权益受损。如上文提到的，大量共享住宅可能会使社区生活价格上涨，也造成社区的空心化；共享打车可能会对正规出租车行业带来影响；另外，多数共享产品对于不习惯使用智能手机的老龄群体和低收入群体的使用造成困难。这些问题应该被给予足够的重视。新兴的共享经济不应带来社会分化，任何产品需要强调公平、传播信任的共享模式。

对于共享建筑和城市也是如此。它们可以帮助应对工业化和快速城市化带来的社区瓦解，在分散的人与人之间重新恢复信任、分享生活，塑造温暖的城市。针对弱势群体的共享活动，可以促进共享建筑的公平性。保障共享建筑的公平性可从两方面入手，一是共享建筑选址的公平性，二是共享建筑服务群体的公平性。

在哥伦比亚麦德林市，建筑师亚历杭德罗·埃切维里（Alejandro Echeverri）参与了社会城市化转型工作。社会城市主义关注空间公平：通过优先考虑历史上被忽视的社区，缩小城市的社会空间鸿沟，实现包容共享。对于麦德林而言，这意味着公共投资将更加关注基础设施、公共服务、建筑物和空间。通过高质量的建筑推动城市进步。[①] 在首尔代际共享住宅的实践中，老人将自己的空余居室以较低的价格租赁给无住房的年轻人，年轻人为老人提供一定清扫、协助外出等生活服务，实现老龄化和高房价社会背景下的代际互助。此外，新加坡在《2015 年永续新加坡发展蓝图》中，强调了要打造老年人和残疾人适用的公平的共享城市与宜居生活。对弱势群体与弱势区域的共享，有助于平衡社会资源，促进均衡发展（图 4-25）。

通过使用权的再分配，共享在不依赖资源数量增加的同时，实现了资源的高效化利用与合理化配置。

任何事物都是作为矛盾统一体而存在的，应当客观辩证地看待共享建筑，在充分发挥其优势的同时，也需要对共享建筑的风险进行研判，并提出相应的应对措施。在共享建筑的实践推广中，可能会存在环境风险（过度竞争引发的资源浪费）、经济风险（疫情等对共享经济的冲击）与社会风险（安全问题、隐私问题、公平问题）。通过对共享建筑种类、

① Vulliamy. Medellín, Colombia: Reinventing the World's Most Dangerous City[N]. The Guardian,2013.

规模、选址、用户、使用规则等方面的设计，结合社会信用体系的完善，可以使减少共享建筑发展过程中可能引发的负面影响，从而营造更加开放共融、和谐有序的共享空间。

客观辩证地看待共享建筑，对其风险进行研判。

It is necessary to have objective and critical thinking over sharing architecture and assess its risks beforehand.

第5章

Chapter V

共享建筑在中国

Sharing Architecture in China

5.1 共享社区的兴起
The Rise of Sharing Communities

5.1.1 共享融入社区生活

共享随着数字经济逐渐兴起并扩展到社区当中，塑造了新的社区空间使用方式与生活方式。

With the gradual rise of the digital economy and its expansion into the community, sharing has shaped new ways of using community space and lifestyles.

阿那亚共享社区以社群组织与情感价值为纽带，形成了一种基于文化与价值观的共享社群。

The Aranya Community is a sharing community in which people are connected by social and emotional bonds based on shared culture and values.

当代中国在数字经济、移动支付等新技术的兴起与庞大市场支撑下成为共享经济发展的沃土。诸大建认为共享经济是循环经济的一个分支，本质上是通过提供服务获取相应回报。[①] 共享经济实质上催生了新业态新模式，促进了服务业的转型。共享经济也逐渐从共享出行延伸至各个领域，共享充电宝、共享雨伞、共享睡眠舱等层出不穷。2019 年虽然我国经济进行了深度调整，但共享住宿领域增长率最高，较上年增长 36.4%。而在共享空间方面，以 WeWork 为代表的共享办公以及 Airbnb（爱彼迎）为代表的共享居住首先得到了发展。

共享理念通过融入社区生活改变了人们对空间使用的传统印象，空间的共享也在大众的认知层面被广泛接受，共享社区在发展当中有着不同的呈现方式。

国内涌现出不同类型的共享社区，其中阿那亚社区则是一个飞地式的乌托邦，其纯粹地追求生活中的美好的社群文化，塑造了一个具有共同理想生活方式的共享社区（图 5-1）。社群之间通过便捷的移动互联进行组织沟通，形成一个个以兴趣为导向的社群。除此之外，阿那亚的社区运营商将艺术、音乐、戏剧等元素融入社区当中，社区运营的拓展结合了互联网品牌（爱奇艺等），加强了社区影响力的传播，吸引更多的人前来。阿那亚社区的居民通过兴趣爱好，以及对美好生活的追求，形成一种自发共享的生活方式，并通过互联网进行组织，也借助互联网实现经济上的可持续性。

设计的力量在社区中也体现了信息时代下新的作用。通过互联网时代流量的作用与边际效应也在阿那亚的发展当中使得新颖的形式与独特的空间成为社区的数字时代的标签与呈现界面。众多独立建筑师事务所受到邀请，在阿那亚进行建筑创作。最终的设计作品常以独特的形式在互联网以及建筑界引起讨论。

① 诸大建，佘依爽.从所有到所用的共享未来——诸大建谈共享经济与共享城市 [J]. 景观设计学，2017，5(3):32-39.

直向建筑设计的孤独图书馆以及海边餐厅，简盟工作室设计的启行青少年营地，B.L.U.E. 建筑设计事务所的单向空间书店室内设计，如恩设计的阿那亚艺术中心，张唐景观的阿那亚儿童农庄，Wutopia Lab 设计的阿那亚儿童餐厅，OPEN 建筑事务所的 UCCA 沙丘美术馆，META- 工作室的临海 T 宅等建筑的图像与场景都在数字信息时代通过新媒体进行广泛传播，并吸引了大量慕名而来的客人。在地的场所也通过数字化的场景图片在互联网当中进行传播，形成线上与线下的交互共生。

图 5-1 阿那亚社区内的公共建筑

5.1.2 共享赋能社区更新

当下的社区更新项目呈现了一种以共享为导向的设计趋势。近年来在上海的社区更新领域涌现出一批案例，其中以微更新模式为主，部分结合工业遗产更新，形成面向社区的配套设施。李振宇和朱怡晨（2017 年）提出了共享理念对于建筑创作与理解建筑产生了重要推动，并揭示了新的空间形式与建筑类型的生成。龚书章（2016 年）以台北为例，研究了城市大建设背景下，城市公共领域与生活性的缺失，并提出社区更新当中"小区感"建构的重要性。其理论也反映了城市更新当中对于重塑社区感的需求。章迎庆和孟君君（2020 年）基于共享理念研究了贵州西里弄的更新策略，指出共享理念对于激发和释放城市活力的重要作用。共享理念成为社会与技术变革的重要线索，社区更新当中共享性与形式的关系显得尤为紧密。

在社区更新当中，共享理念的介入可以通过边界的共享，交通空间的共享，以及社区配套的共享，形成现有空间环境下的共享升级。在北京、上海、深圳等地都涌现出许多共享理念赋能下的社区更新案例，且根据各个城市的发展又各具特点。深圳的社区更新集中在城中村社区，例如南头古城、沙井古墟，以及大梅沙村等更新都以艺术展览为契机，对既有社区进行更新。上海的社区更新以里弄，以及新村的微更新为主，例如贵州西里弄微更新、永嘉路口袋广场、昌里园等。

水围柠盟青年社区是由中心的城中村"握手楼"改造而成，在间距极小的楼栋之间置入廊道与电梯，形成水平及横向的串联，以共享为导向的社区更新实践得以实现。项目通过三种策略实现社区的共享：公共私密空间的整合，城市生活事件的再现，边界模糊与线性连接。并在更

共享在社区更新当中成为一种新趋势。

Sharing has also become a new trend in community redevelopment.

三种共享的表达形式：边界空间共享、交通空间的共享以及社区配套的共享。

Three forms of shared expression are offered: boundary space sharing, transportation space sharing, and community supporting sharing.

新过程当中采用了四种设计方法：混合功能、共享空间、屋顶花园和空中走廊。低层入户门厅由穿插于老建筑间的电梯与建筑山墙自然围合而成。中间楼层置入了一个共享盒子，作为社区客厅、共享厨房，以及共享健身房，屋顶则成为小花园与共享洗衣房。空中的廊道则成为第二个交流界面，串联起片区内各个青年公寓单元。在既有空间下的改造，通过共享理念的介入，提升了空间品质并产生了空间使用的全新方式（图 5-2、图 5-3）。

上海南京东路街道贵州西里弄微更新则是通过 12 个社区触媒点的微创性改造，针灸式地置入社区共享空间，激发社区活力。信息化的管理模式与传统邻里关系的融合使得社区变得精致又富有生活气息。

位于永嘉路的口袋广场（阿科米星设计），是利用两栋建筑之间的空间进行改造，成为一个共享的口袋广场，可以供市民休憩并在节日时用于特色市集等活动。广场南侧设置了一个小型咖啡馆，使得广场的配套功能进一步完善。

徐汇区枫林路街道社区文化活动中心（Wutopia Lab），是将一个较为平常的城市街道界面进行改造，形成一个透明的柱廊公共空间。更新采用了柱廊与内玻璃立面结合的做法，创造出一个具有场所感的共享边界空间。路上的行人会不由自主地想进入柱廊空间一探究竟。

这些城市更新项目都通过社区共享空间的置入，信息化基础设施的增补，模糊空间的利用，以及共享服务的支撑等方式创造了更具活力的社区空间，也塑造了激发居民活动与交往的场所。

图 5-3 深圳水围柠盟社区共享客厅

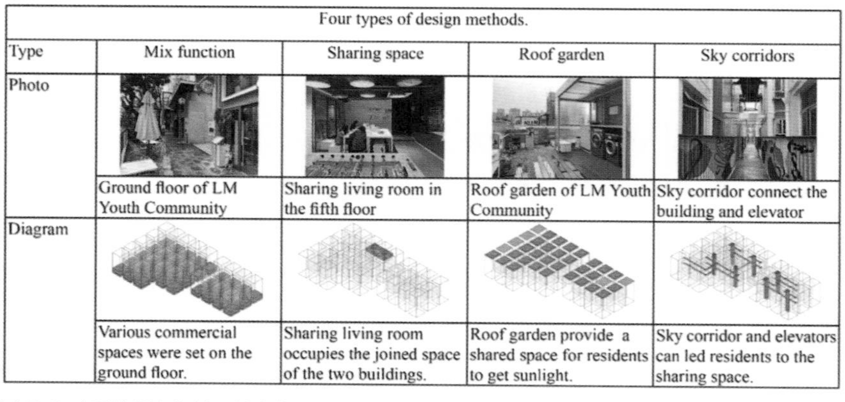

Four types of design methods.				
Type	Mix function	Sharing space	Roof garden	Sky corridors
Photo	Ground floor of LM Youth Community	Sharing living room in the fifth floor	Roof garden of LM Youth Community	Sky corridor connect the building and elevator
Diagram	Various commercial spaces were set on the ground floor.	Sharing living room occupies the joined space of the two buildings.	Roof garden provide a shared space for residents to get sunlight.	Sky corridor and elevators can led residents to the sharing space.

图 5-2 水围柠盟青年社区共享策略

5.1.3 共享助力产业社区

　　共享理念被上海的智慧湾科创园所采用，形成了一种助力中小型企业发展的产业社区。智慧湾产业社区中呈现了三种层次的共享：旧建筑的分化共享，配套设施与周边社区共享，园区路径面向城市共享。

　　智慧湾产业社区所在基地内原有多处旧厂房以及集装箱堆场，开发之初采取了改造与新建结合的策略。旧厂房被加以利用，改造为办公、展示等承载多种功能的场所。在临蕰藻浜一侧采用 3 ~ 5 层集装箱堆叠的形式，创造出一个集装箱创客部落。堆叠集装箱之间用钢结构步道串联，底层架空，用于停车。呈现了老建筑的分化共享与基地文脉的延续。

　　其次，智慧湾所在的宝山地区服务配套设施较为缺乏，因此在社区内部置入了美食街、拳击馆、3D 打印博物馆、剧场等配套功能。配套功能较为集中在园区北侧，与周边居住社区贴邻，形成与周边社区的共享。

　　最后，智慧湾产业社区的路径面向城市共享。园区出资修建电梯与栈道，使得蕰藻浜对岸的地铁站与园区得以便利联结，园区内的滨河道路同时成为市民的健康步道。路径的开放共享为产业社区整体的共享提供了支撑，也在城市层面形成了区域的共享与整合。

　　共享赋予产业社区新的形式可能，在智慧湾社区中形成了旧建筑更新，集装箱堆叠以及路径共享的呈现（图 5-4）。

共享赋予产业社区新的形式可能，上海智慧湾科创园就是一个成熟的案例。

Sharing creats new forms to industrial communities, and the Shanghai Smart Bay Science and Technology Innovation Park is a case of mature development in this sense.

图 5-4　上海智慧湾科创园

5.1.4 共享塑造新社区

　　互联网时代社区的组织与交流从线下逐渐扩展至线上，又反作用于

以互联网技术为支撑的共享塑造了新的社区。线上的引流与线下的空间形成新的接口与呈现。

Sharing, underpinned by Internet technology, has shaped new communities, and online traffic-driving and offline space form a new interface and presentation.

线下空间。以互联网技术为支撑的共享塑造了新的社区。信息技术也赋予了空间全新的打开方式，线上的引流与线下的空间形成了新的接口与呈现。

Airbnb（爱彼迎）以及好处 MeetBest 是信息时代下新型社区的代表，是具有相似认同感的人的集合，与传统社区的区别在于，这一社区具有更强的开放性与包容性。社区成员之间关联性更多的通过互联网进行构建，而并不局限于线下。彼此对于独特空间、独特体验的追求使得社区成员之间形成一种更为宏观的共同意识，也因此能将之称为社区。

Airbnb（爱彼迎）是一个提供了共享居住的平台。同时也塑造了一种新的共享居住模式，一个房间甚至一张床位都可以成为共享的对象，居室内的配套设施通常可以提供给共享居住者使用。通过分时共享住房服务平台，整合家有空房出租的房主的信息供旅行者选择，成为全新的租赁房屋的社区。用户通过网络或手机应用程序发布、搜索度假房屋租赁信息并完成在线预订和付费程序。目前仅在中国，就有数百万使用者和数十万房源，深受年轻一代的欢迎。除此之外，途家、小猪短租等大力发展自营业务的互联网共享居住平台也加快了发展的步伐。

好处 MeetBest 是为城市人提供多样场景服务的空间共享平台，他们关注城市当中未被发掘的空间，通过专业化迭代设计和针对化运营管理，将原本被闲置的空间与场地变成了优质而自在的社交场所、活动场地，形成专供会议培训、团建年会、聚会派对等城市社交空间的租赁空间，为客户提供高品质的活动场所。他们在上海有众多合作城市空间，当人们不再满足于传统标准和日常使用的空间，而寻求独具特色而富有惊喜的空间，空间共享的需求即成为探寻变化与新鲜感的动力。新的价值观也塑造了新的社群，并形成了线上与线下同时呈现的新社区（图 5-5）。

图 5-5 好处 MeetBest 及其合作方

5.2 共享建筑设计实践
The Design Practice of Sharing Architecture

在中国，21世纪以来开展了多样的共享建筑设计探索，呈现出丰富多彩的实践。面对不同尺度、不同类型的设计题材，一批建筑师主动地发展出相应的共享建筑设计策略，形成了城市空间、街区街坊、建筑单体和装置小品四类相关案例。

5.2.1 在城市空间设计实践中，多主体使用成为趋势，公共资源努力面向大众开放

城市大型基础设施通过改造成为对大众开放的共享空间。同济大学建筑设计研究院的三个工作室在这方面作出了积极的探索。原作工作室章明等设计的上海杨浦滨江示范段，将"还江于民"的主旨落位到公益、多元、共享的杨浦滨江公共空间中，实现工业遗存的再利用、景观的重修复，激活空间活力，串联公共路径，实现最大限度的开放。致正建筑工作室张斌等设计的望江驿位于上海浦东滨江绿化带，是多个单层的钢木结构建筑，服务于城市大众。采用轻型结构创造了新的基础服务类型，可以灵活适应场地地形，配有24h开放的休息座、阅览室、卫生间等公益设施。共享建筑工作室李振宇等设计的上海之鱼移动驿站，以"观鱼春池鼓枻歌，花开满园游亭榭"为设计理念，承载观景、游园、赏花等系列休闲娱乐活动。移动驿站全部为数字化木构建造的可移动建筑，采取放射形的网格布局，通过路径的组织，串联起基本型和变化型两种类型，互相呼应；各个木构建筑配有基本功能和扩展功能，设计开放式楼梯和屋顶平台，保证具体功能和游客参观游览能同时使用。

5.2.2 在街区街坊空间中，共享性可以激发社区的活力，提升空间质量

多样化的事件能激活空间更新的活力，共享性可以为空间赋能。URBANUS都市实践事务所刘晓都、孟岩团队为深圳南头古城保护与更新提出了以介入实施为导向，由点及面渐进式激活，以文化活动促

中国共享建筑的实践可以从城市、街区、单体和装置四个层面进行解读

The design practice of sharing architecture in China can be interpreted from four levels: urban, block, building and installation.

图 5-7 北京百子湾社会住宅

图 5-6 深圳南头古城改造：随处可见的共享座位

进古城复兴的发展模式，并与 2017 年深港双城双年展"城市共生"的举办相结合，成为古城再生的实验（图 5-6）。在这里，街坊和街道的共享性表现得淋漓尽致，再狭小的店铺也努力挤出三尺门前空间，安排几个共享座位，以促进自身活力。西村大院位于成都，是由成都贝森投资集团开发、家琨建筑设计事务所设计的城市综合体，采用外环内空的做法围合出一个超大尺度的院落，集办公、商业、服务、运动为一体，院内有多样的公共生活空间，仿佛"绿色盆地"，呼应了当地的地形风貌和生活习惯，街坊边界的丰富性和体量的透明性展现出共享街坊特有的活力。MAD 马岩松等设计的北京百子湾社会住宅街区中，充分利用了地面层的共享性，从街道引入商业服务、文化办公，插入步道和连廊，加载体育活动，实现了让渡共享和分层共享（图 5-7）。上海前滩太古里是一个由多个设计单位设计的全新的商业街坊，通过路径和室外露台连廊的共享，形成了连续、开放、有趣的商业界面，受到市民的热情欢迎。

5.2.3 在建筑单体中，透明性、公私重组、竖向分层、共享动线等作为建筑共享的主要方式和形式特征

　　深圳市建筑科学研究院叶青等设计的深圳建科院大楼，开启了中国办公建筑的共享性。以协同、智慧和绿色建筑为目标，强调"共享设计"的价值观，包含了设计权利的共享、场域的开放共享和技术的有机集成，实现人与自然的共享。从地下层到地面层，低区楼层到高区楼层，建筑实现了多主体使用、向社会开放公益分享的态度，并且在形式上有鲜明的表现。校园建筑的共享具有重要的社会意义，同时能创造创新性的共享空间。常州皇粮浜实验学校是共享建筑的创新尝试，实验学校和全民健身中心同处一个街坊，共建教育、体育综合体；设计实现了四重共享：学校和少年宫季节性变化的建筑共享、运动场与体育馆功能共享、地下接送中心分时共享，以及体育教师双聘制人员共享。建筑本身也可以是一个共享平台。Open 建筑事务所李虎等设计的清华大学深圳海洋中心，则把平面和空间的公共和专属进行了明显的重组，其立面的透明性清晰地表达了公共部分的共享性。

5.2.4 在装置小品类型中，共享性表达得尤为鲜明，非常具有象征意义

　　URBANUS 都市实践事务所王辉设计的"共享桌子"通过装置的设计重新建构了邻里的空间社会关系，维护空间的公平性。借助桌子将合院空间进行划分，分割院落空间的线段逐渐加粗变成一定宽度具有高度的桌子，定义了各家的半私密空间，强化了每家的权属范围，同时又提供了可以和邻居共享生活的界面，可以一起吃饭聊天。在同济大学建筑与城市规划学院共享教室，原作工作室章明等用钢和铝板设计了共享教室亭林有座，为各个学院的同学提供一个开放、自主的共享空间，既可以承担讨论、聚会、评图等活动，也可以提供较为私密的半围合场所，受到不同专业、不同年级学生的欢迎。

中国建筑师叶青、李振宇等积极探索共享建筑学理论和方法，并通过实践形成自洽

Chinese architects such as Ye Qing and Li Zhenyu have actively explored theories and methods of sharing architecture, and developed a self-consistent approach through practice.

5.2.5 中国建筑师积极探索共享建筑学的理论和方法，通过实践得到自洽，以此应对信息社会和共享经济给建筑带来的变化，形成了建筑学新的增长点

叶青首先研究了共享设计、共享营造和共享管理，提出共享设计的参与权，设计的全过程要体现权利和资源的共享，关系人要共同参与设计。建筑本身可以为人与人、人与自然、物质与精神的共享提供一个有效、经济的平台。

李振宇率先提出共享建筑学的基本理论，讨论了共享的三种类型和四种方式，并进一步提出形式追随共享。其团队在一系列实践中创造了多层次的共享空间。主动尝试边界模糊、线性延展、透明性和公私空间的重组等形式特征。

王辉研究共享的社会价值，在多户居住的合院庭院内部，空间公平和正义同样重要，用共享桌子来重构邻里的社会关系，形成了一种共享的象征。META-PROJECT 王硕持续探索混居、多层次的公共性，在松花湖新青年公社中原先在房间内部的功能，把走廊空间最大化，居室空间最小化，重新定义了公共和专属空间的边界。Open 建筑设计事务所李虎团队在深圳坪山大剧院中对设计任务书进行了调整，新植入的咖啡、排练、餐厅等功能弥补了剧院观演的单一性，扩大了建筑的共享性。直向建筑事务所董功在金山岭阿那亚酒店设计中，把建筑群的底层连成公共的广场，开放的酒店就变成了社区生活的中心，创造了一种新的共享场所。

这些研究和实践，拓宽了共享建筑学的发展路径，将会催生新的设计理念和方法。

境外设计事务所在建筑的共享性方面的有益实践：交通路径和半室外空间

Useful practices of foreign design firms in sharing architecture: traffic paths and semi-outdoor spaces.

5.2.6 境外设计事务所在中国的实践中积极探索共享建筑元素，在交通路径和半室外空间方面尤其突出

21 世纪以来，境外事务所在中国进行了大量的设计实践。在建筑的共享性方面，集中表现在交通路径的共享组织和半室外空间的共享使用。

斯蒂文·霍尔（Steven Holl）在北京当代 MOMA 项目中通过容纳了共享功能的空中连廊将八栋塔楼连接起来，在社区中把工作、生活和文化空间融合起来，为社区创造了三个层次的共享空间，分别是底层的水景公

园，配套功能的空中连廊和屋顶的共享绿地。理查德·罗杰斯（Richard Rogers）在上海中心路一号项目中设计了从一层大堂到约9.45m标高的高线公园，架空及屋顶花园等一系列空间融合，创造了全新层次、不同标高的独特城市视角和人的交往，通过高线公园的串联，为社区居民带来了群共享场所（图5-8）。"if工厂"前身是深圳南头城中村内的一座服装工厂，MVRDV建筑设计事务所（以下简称MVRDV）从可持续的角度对原有建筑进行改造再利用，将其升级为一座"创意工厂"，除了办公功能，MVRDV在建筑内部置入一条贯穿上下6层的共享大楼梯，人们可以通过楼梯直达屋顶（图5-9）。以竹林为墙，编排出多样的活动空间。让·诺维尔（Jean Nouvel）设计的上海旭辉广场，则是组织了开放共享的广场和中庭，把街角延伸到建筑的内部，还延伸到建筑的地下层和高楼层，2000个红色的花盆装扮了这组建筑，也表达了共享的意味。

gmp建筑事务所设计的常州文化广场综合体，通过体块的球面切割，限定出建筑体量下的城市公共空间，并进一步延伸出丰富多样的广场及城市景观。槙文彦（Fumihiko Maki）在深圳蛇口设计了海上文化艺术中心，不同于功能单一的博物馆建筑，他更希望大家将这座建筑看成一个"小型城市"，是具备丰富社会性的城市空间。戴维·奇普菲尔德（Daivid Chipperfield）将西岸美术馆化整为零，设计为三个呈风车形旋转排布的体量，建筑包容了复合的功能，面向城市和公众开放。

（部分案例图片及介绍可见"第6章共享建筑的案例与实践"）

图5-8 上海中兴路1号

图5-9 if工厂

5.3 共享教育与研究
Sharing Education and Research

研究组在 2018 年和 2020 年度开展专题设计，探索共享在建筑学教育中的设计教学研究。

In 2018 and 2020, the research group carried out a thematic design and explored the design teaching and research education in an era of sharing.

专题建筑设计，是同济五年制建筑学专业的四年级第二学期的课程设计统称，是在学生完成系统的建筑设计训练之后，为学生能力培养的拓展和分化而提供的自选型设计教学板块。团队在 2018 年和 2020 年度分别开展"共享建筑设计——同济书院"和"多元与共享——面向青年的居住社区设计"专题设计，探索共享在建筑学教育中的设计教学研究。

5.3.1 共享建筑设计——同济书院

1. 设计前期——立足选题，自主策划

在本次专题设计课程中，同学们围绕"共享建筑设计——同济书院"的主题展开为期 8 周的学习与探讨（表 5-1）。同济书院既作为校内师生交往交流的平台，也是共享理念在教育建筑领域的探索和示范的重要载体。因此，本次设计要求在选定基地（图 5-10）的基础上自拟任务书，策划书院的基本功能与可选功能并探究多样的共享模式与对应的空间模式。

共享建筑的使用主体是设计之初的重点研究对象。共享的关键，在于可以实现不同群体对于同一建筑的共同享有状态。基于同济校园内这一特定环境，以及同济书院使用主体类型和数量的不同，教学团队确立了一个从"1"到"10 000"的基本故事线：1 栋建筑，10 位常住建筑内的学生代表或老师代表，100 位经营与管理建筑内活动的骨干，1000 位长期参与活动的核心会员，以及每个季度 10 000 人次参与活动的非会员（图 5-11）。

虽然不同的群体数量相差很大，但在共享建筑中，他们扮演的角色是相同的，每个人既是共享的发起者，也是共享的参与者；他们同时共享着建筑，也被建筑所共享。

学生自主策划设计任务书是本次设计最为重要的一环。在一般常规设计课程中，传统任务书规定了建筑所需要的功能以及该功能所需要的建筑面积，而这样的规定本身，就一定程度上限制了不同功能之间共享

表 5-1   课程进度表

周数	时间	课程		内容备注
一	周一（上）	任务书解读		假期准备汇报
	周四（下）	基地考察		基地测绘、场地调研
二	周一（上）	同济书院设计要点讨论		书院建筑，共享建筑案例分析、讨论、交流
	周四（下）	设计构思		设计概念，分析草模
三	周一（上）	行为策划		草图，行为模式分析
	周四（下）	概念发展	（一草）交流	小组讨论、交流
四	周一（上）	建筑单体设计		
	周四（下）	建筑单体设计		小组改图——深化平面，形体推敲
五	周一（上）	中期评图（概念与策划）		中期讲评、交流
	周四（下）	清明假期		—
六	周一（上）	深化设计	（二草）交流	小组讨论、交流
	周四（下）	行为模式与建筑的结合		分组改图
七	周一（上）	行为模式与建筑的结合		分组改图
	周四（下）	正草图		分组改图——方案整体深化，交正草
八	周一（上）	绘制正图		分组改图——绘制正图，细部与构造设计，模型制作
	周四（下）	绘制正图		分组改图——绘制正图，细部与构造设计，模型制作
九	周六（上）	公开评图		全年级讲评、交流

图 5-10 选定基地——毗邻衷合楼、同文楼、建筑与城市规划学院 C 楼、D 楼以及同济大学东一门

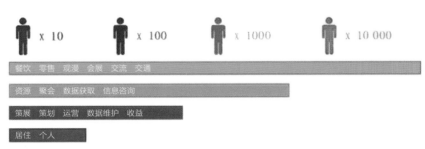

图 5-11 从"1"到"1000"的故事线

的可能性。因此，本次设计的任务书中，只限定需要的空间类型，以及可能发生的事件，使得学生能灵活组织空间与事件的关系达到触发共享模式的目的。此外，对于不同空间类型，既有所有学生共同约定的部分，也有可以自由选择的部分（表 5-1）。由此，空间的价值也不再由单一的事件体现。事件共享了空间，而空间也共享了事件。

2. 过程推演——概念演进，设计推敲

在确定了共享主体以及策划任务书之后，课程中的六位学生便根据自己对共享的理解，开始了统一主题下的不同思路的推演：即从初步构思—概念成型—细节推敲直至最终设计完成，整个过程主要可分为三个阶段，历时六周（表 5-2）。每个阶段六位学生都在明确共享模式、满足策划案的时候，反复重新审视和明晰设计中的关键词，逐步将其凝练，最后达到设计与构思统一的目的。同时，在形成清晰的设计主题、完成新型任务书要求的前提下，同学们也逐步开展对共享模式的推敲与探索（表 5-3）。

3. 成果表达——概念演进，设计生成

因为选题的特殊性，在设计方案基本完成后，在最终成果的表达上，如何以创新的方式凸显本次设计在空间、时间、事件、使用者等方面的特质，有侧重地表达共享建筑的特点是需要重点考虑问题之一。

对于时间维度的共享，王子宜清晰表达了建筑内部中庭和外部台阶两个空间，在不同时间下使用情况的差异；陈锟也用对比的方式展现了三个共享"盒子"在昼和夜不同时间下使用者行为与活动的不同（图 5-12）。

图 5-12 图纸局部（王子宜）

表 5-2　自主策划任务书

空间类型	可能发生的事件及对应要求	
个人休息空间	需满足 10 人独立休息要求，考虑 10 人共用的共享设施	
公共休息空间	分时休憩、提供小型睡眠舱、睡袋等	
运动空间	含健身设施，可运动与交流，24h 开放	
餐饮空间	考虑开放厨房，并满足 25 人同时就餐	
阅览空间	至少满足 50 人同时使用	
研讨空间	形式可变，满足不少于 20 人的研讨需求	
展览空间	室内与室外相结合，形式不定	
实验空间	实验舱可以清零更改，流线与参观分开	
集会空间	可供小型集会、活动、演讲、表演等，一面可开敞，与其他公共空间可融合	
信息盒	一个对外的室外展示面	
停车空间	至少 20 个车位	
底层路径	底层需保留从既有道路穿越场地到达国康路校门的路径，形式自定	
快闪店	以集装箱为单位；商业可以以临时嵌入形式短期运营	
跳蚤市场	可进行售卖旧货、杂货互换等活动	
游戏空间	引入最新科技成果，如人机交互、虚拟现实等新颖娱乐方式	
快件集散	满足场地周边收发快递的需求	
Night Club	夜间娱乐活动，形式不定	
基本要求		可选功能

初步构思—概念成型—细节推敲方案演化表（图片来自学生设计及相关案例研究）　表 5-3

学生设计（杨学舟）
共享路径——Path of Sharing

学生设计（陈琨）
共享盒子——"合和盒"

学生设计（王子宜）
共享之坡

学生设计（金大正）
共享管道——展"管"

学生设计（李梦瑶）
共享点线面——点·线·面

学生设计（沈婷）
共享阶梯——阶·享

　　在空间维度上，杨学舟利用结构塑造共享空间，可以看出钢结构体系的加入使得共享空间更为可变和灵活，最终实现了其共享路径垂直化的构思（图 5-13）；而金大正的展"管"设计则将管道的对于共享空间的分隔与串联作用表现得很到位（图 5-14）。

　　在事件和使用者的维度上，李梦瑶和沈婷均采用轴侧图表达核心空间，并在其中刻画人的活动行为，以此来强调共享模式的运行方式（图 5-15）。李梦瑶（图 5-15 左）根据点、线、面三种空间层级的不同，分别容纳由少至多的空间使用者。空间内可发生的事件也从小型的休息、研讨活动演变到大型的集会、观演活动，由此形成公共性由弱

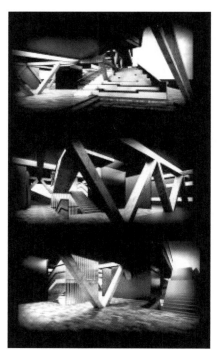

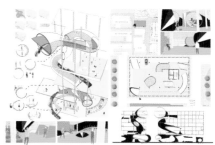

图 5-14 图纸一展"管"（金大正）

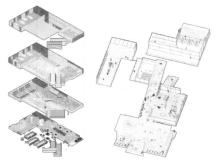

图 5-13 图纸一结构塑造共享（杨学舟）　　图 5-15 图纸局部（左：李梦瑶，右：沈婷）

至强的共享空间；而沈婷（图 5-15 右）则利用由底层至顶层的阶梯引导人流，形成视觉上连贯、通透。最终，多功能的阶梯可停、可观、可游、可憩，成为事件发生的核心空间，也成为周边相邻附属空间的共享内核。

4. 共享新思辨

过去我们认为，建筑要通过房地产才能贡献经济。但共享建筑学，意味着建筑师有机会直接贡献到经济中，因此空间的制造应该对应一个完整项目的运行与诞生。在同学们的方案中，更多的是体现在功能，而缺少了如何去管理这个空间，如何让人去使用空间的这个维度，因此在这一点的思考，可以在未来进行得更加深入些。

互联网带来的最大作用可能在于权力的碎片化、资源的碎片化、空间的碎片化等等。因此，在信息时代到来的前提下，建筑面临的碎片化是什么？如何通过共享建筑学的契机，将新的基础设施连结起来形成网络，进而引起城市空间的变革，可能是信息时代建筑创作的新挑战。

建筑学通常是通过历史推演未来的，但是共享给了建筑学问题一线走向未来的生机，即可以用共享来畅想未来建筑。例如场景化的空间、可变的空间、有限公共性的空间等与之相关的新议题，乃至利用"实验建筑"的模式把共享的概念由模糊推至清晰，在其中不断观察与试错。

5.3.2 多元与共享——面向青年的居住社区设计

本次课程设计拟通过 17 周的教学，让学生们以共享为线索，了解从策划理论与方法、从城市设计到建筑设计的全过程；从不同的角度去理解"多元与共享"的概念，并在此基础上寻找去实现这一概念的住区环境和住宅类型的设计手段与方法（表 5-4）。基本掌握城市与住区设计的整体体系，有助于学生形成对住区规划、城市设计和建筑设计的递进过程的概念进行理解，为进一步的专业学习和设计实践建立良好的基础。

表 5-4　课程进度表

周数	周一	周四
1	发题 / 讲课	现场调研
2	策划	策划
3	策划 / 讲课	策划汇报
4	城市设计	城市设计
5	城市设计 / 讲课	城市设计
6	城市设计	城市设计
7	城市设计 / 讲课	城市设计
8	城市设计	成果汇总
9	策划和城市设计中期评分	住区设计
10	住区设计	住区设计
11	住区设计 / 讲课	住区设计
12	住区设计	住区设计
13	住区设计 / 讲课	住宅建筑设计
14	住宅建筑设计	住宅建筑设计
15	住宅建筑设计 / 讲课	住宅建筑设计
16	住宅建筑设计	成果汇总
17	成果汇总	住区和住宅设计阶段评分

1. 从策划到规划

基于下沉工作方式的基地分析及案例调研，课程教学开始于教学团队带领全体同学的基地调研。通过对课程设计基地的这个浦东发展及城市形态形成区域及周边建设情况的了解，期望学生了解项目研究开始阶段需要做的工作，每位同学都要带着预设的问题到现场，建立起预研究——场地解读——方案的理性形成的途径。

同时，为了让学生们了解青年人的居住需求和居住实态，课程安排了在上海地区运营情况良好的品牌长租公寓的调研项目，分别为万科泊寓和金地城市菁英社区的 5 组长租公寓居住实态的调研。调研中针对开发商、物业管理、使用者等的居住实态的调研，寻找面向青年人居住方式的合理和创新点的同时，绘制负面清单作为策划过程的关注点（图 5-16、图 5-17）。

2. 多元与共享

本次规划设计的使用对象为青年人，针对这一特定人群的"多元与共享"概念加上学生们自己的关键词，会有更多有前景的设想与居住方式的拓展。

在多年理论研究和实践案例调研的基础上，学科团队以专题讲座 +

图 5-16 基地踏勘

形态生成逻辑   轴侧分析图1:200

图 5-17 策划和分析成果

课堂研讨 + 理论与方法的介绍，使学生理解新时期的建筑学理论的拓展，分别专题开展"白话建筑：从日常中构建多彩意境""迈向共享建筑学"以及"形式追随共享：当代建筑的新表达"等研究总结，开拓了"大共享"与"小社区"之间的概念的内涵与外延，为学生在社区规划的布局、规划结构、院落形式、剖面类型及带来生活方式变化的可能性提供了思路（图 5-18）。

本次课程设计力图跳出传统居住社区的概念框架，让青年学生从青年人心目中的居住品质概念来对居住环境和居住模式进行重新的定义，每位同学都用关键词描绘出自己心目中应该关注的问题。不同的理解带来了不同的关键词，并让学生们根据关键词去寻找整体规划的定位和方案发展方向，每位同学都提出了自己的理解而归纳出的关键词。"公共性 + 私密性""小单元 + 共享""时间性 + 流线""多元生活 + 工作""混合功能 + 选择""生活节律 + 新社交""共享 + 极限户型""城市性 + 社会性""住户阶级 + 性价比""院子 + 公共交流""城市生活 + 公共空间""个性化 + 交互设计""心理影响 + 人群需求""密度 + 生活品质""生活需求 + 便利性""需求差异 + 公共空间""生活背景 + 政策法规""田园 + 慢节奏""互动 + 舒适""经济 + 收入分级""系统性 + 未来前瞻"等可产生设计策略联想的关键词，反映了青年一代对未来居住的态度和向往。而且概念的演变和成型需要一直延续至规划设计的全过程，"新新人群"+ 新型居住方式 + 新规划与新设计，概念与构思为主导的设计过程、希望不设固有思路允许脑洞大开的前提下的可实施性探讨（图 5-19）。

采用团队协作"workshop"的工作方式让学生能够进行建筑策划实作训练和实践练习，在训练中进行具体项目的策划实践并体验团队工作氛围，在团队合作中模拟多主体对项目的定性和定量的需求，并熟悉从目标到提出设计阶段应解决的问题等诸多环节以及各环节层层紧扣的工作链。建筑策划对即将进行的规划设计工作做出了定义和工作界面的准确界定（图 5-20）。

共享建筑学中"分隔、分时、分层和分化"的概念具体落定到居住组团、居住单元和套型设计中，以及概念的转译等方面的探讨，使学生们对居住的理解已超出了单纯的居住的范围，所解决的问题也上升到社会维度的思考。个人理念 + 小组综合 + 班级交流等多种讨论方式对涉及思路和概念的拓展提供了帮助，对环节的总控和每一周次设计成果的

图 5-18 讨论互动

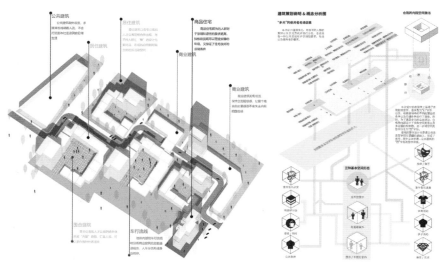

图 5-19 策划及定位分析图   图 5-20 策划及定位分析

清晰要求体现了循序渐进、逐渐明晰到构思的完整表达，使学生们也逐渐理清了设计推进与演绎的过程和合理的推进路径。

教学团队希望学生们重视设计过程而不是最后结果，也希望学生们理解个人力量与团队协作、概念提出到推演实现、精准表达到整体把控的设计环节的体验过程，清楚不同环节对地块的城市设计的调整与修改，以及对住区设计的整体考虑，对如何设计思考有了更深层次的认识（表 5-5）。

3. 表达与成果

针对不同阶段的成果表达而制定不同的标准，构思阶段、方案深化和发展阶段，以及最后的成果表达阶段都各有侧重。汇报方式则采用分组内部会议、大组讨论、合班讨论，以及外请专家作为评图嘉宾的正式成果汇报方式，场景感和仪式感兼备，也让学生们感受到轻松而紧张、严肃也活泼，保持了课堂整体的活跃和踊跃。表达也是根据要求而具备侧重点，最后的成图表达按照三个不同的考核点来展示：对住宅设计的表达为三种类型的住宅设计（住宅组合、单元、套型平面），对公共空间的整体设计包括商业、活动、共享等空间的构思与实现，对生活方式的塑造则是适合青年的多元与开放、社区及文化的融合的表达（图 5-21、图 5-22）。

表 5-5　指导教师及学生名单

年份	指导教师	学生名单
2019	李振宇、涂慧君、刘敏、江浩	周雪婧、那昕怡、伍祉蓁、滑天铭、衡懿、吴雨潇、靳阅川、赵颢翔、孙叶、许敏慧、方正欣、梁宇涵、王沁雨、范展豪、周礴、徐浩健、王瑞丽、曹依颖、刘筱沐、陈剑、周义文、李心磊
2020	李振宇、涂慧君、刘敏、江浩、屈张	华维、阿兹、彭世雯、薛子涵、樊叶、张蔚荻、米家琪、王书凝、路泽豪、杨秋雨、乔宇峰、朱羿文、姜天宇、刘情、童雨舟、袁梦超、吴子豪、苏鹏鑫、马仲君、王蕾、王红梅、胡霄、余澄观、鞠昊佟、徐小雅、Bela、邹子清、裘威

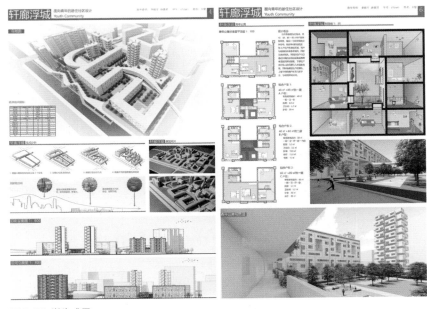

图 5-21　学生成果

图 5-22　学生成果

第 **6** 章

Chapter VI

共享建筑的案例与实践

Sharing Architecture: Case Study and Our Practices

6.1 共享建筑案例研究
Case Studies of Sharing Architecture

本节选取了世界各地 49 个共享建筑的案例，按照时空尺度共分为 5 个部分：①城市空间；②街区路径；③建筑单体；④装置小品；⑤线上平台。

In this section, 49 examples of shared architecture from around the world are selected and divided into 5 sections according to spatial and temporal scales: ① Urban Spaces; ② Neighbourhood Paths; ③ Architectural Monoliths; ④ Installation Vignettes; ⑤ Online Platforms.

　　共享建筑学是新的建筑学视角，但共享建筑的主动尝试却从 20 世纪 60 年代开始，历经半个多世纪，形成了丰厚的积累；而今在新世纪信息化全球化的背景下发展壮大。本节选取了世界各地 49 个共享建筑的案例，按照时空尺度共分为 5 个部分：①城市空间；②街区路径；③建筑单体；④装置小品；⑤线上平台。每个类别按建造时间排序。每个案例除提供项目年份、建筑师等基本信息外，也对案例的共享类型、共享形式进行分析，对案例在共享建筑学领域的特征或影响进行简评。

　　案例除具有共享的特征外，其选择标准还包括：①建成年代较早，在建筑和城市空间的建设上具有深刻且广泛的影响力，对共享建筑学的思想具有一定的启发，如斯图加特美术馆、代官山集合住宅等；②案例具有鲜明的共享效应，在建筑形式上呈现出典型的"设计结合共享"的趋势，如奥斯陆歌剧院、绿之丘等；③案例是典型的互联网时代产物，仍在不断探索建筑和城市空间组织的技术突破，如好处 MeetBest、特赞等；④案例对共享建筑、共享城市的空间组织、空间运营具有启发性，并有可能产生积极的社会影响，如上海创智农园、广州无界社区等；⑤所有入选案例曾都有教材编写组成员实地考察，或与项目建筑师建立有直接联系。

　　可以预见，在共享建筑的道路上，会出现越来越多的优秀新作。

共享建筑一览表

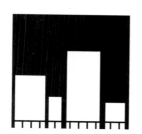

A 城市空间

A01 美国双子城天桥系统 /1960 年 / 明尼阿波利斯 & 圣保罗
A02 高线公园 /2009 年 / 纽约
A03 首尔共享城市 /2016 年 / 首尔
A04 望江驿 /2017 年 / 上海
A05 杨浦滨江城市设计 /2017 年 / 上海

B 街区路径

B01 代官山集合住宅 /1968—1992 年 / 东京
B02 斯图加特美术馆 /1984 年 / 斯图加特
B03 汇丰银行 /1986 年 / 香港
B04 上海商城 /1990 年 / 上海

B05 法国国家图书馆 /1995 年 / 巴黎
B06 奥斯陆歌剧院 /2007 年 / 奥斯陆
B07 阿那亚社区 /2013 年 / 秦皇岛
B08 西村大院 /2015 年 / 成都
B09 创智农园 /2016 年 / 上海
B10 深圳海上世界文化艺术中心

/2017 年 / 深圳
B11 东梓关村民活动中心 /2017 年 /
杭州
B12 深业上城 /2018 年 / 深圳
B13 昌里园 /2020 年 / 上海
B14 智慧湾 /2020 年 / 上海

C 建筑单体

C01 费城海军大院 /2004 年 / 费城
C02 西班牙 Mirador 集合住宅 /2005
年 / 马德里
C03 苏黎世联建社区 Building
A/2007 年 / 苏黎世
C04 Celosia 庭院住宅 /2009 年 / 马
德里
C05 深圳建科大楼 /2009 年 / 深圳
C06 当代 MOMA/2009 年 / 北京
C07 劳力士学习中心 /2010 年 /
洛桑
C08 8 字住宅 /2010 年 / 哥本哈根
C09 康奈尔建筑学院米尔斯坦大厅
/2011 年 / 伊萨卡
C10 Interlace 公寓 /2013 年 / 新
加坡
C11 纽约新学院中心大楼 /2014 年 /
纽约
C12 松花湖新青年公社 /2015 年 /
吉林

C13 清华大学海洋学院 /2016 年 /
深圳
C14 上海德富路中学 /2016 年 /
上海
C15 W57/2016 年 / 纽约
C16 鹿特丹市场住宅 /2017 年 / 鹿
特丹
C17 福田水围柠盟人才公寓 /2017
年 / 深圳
C18 Oodi 赫尔辛基中心图书馆
/2018 年 / 赫尔辛基
C19 无界社区・紫泥堂纤维板厂改
造 /2018 年 / 广州
C20 吉首美术馆 /2019 年 / 吉首
C21 CopenHill 新型垃圾焚烧发电厂
/2019 年 / 哥本哈根
C22 绿之丘 /2019 年 / 上海
C23 Swatch 总部大楼 /2019 年 /
比尔

D 装置小品

D01 400 盒子的共享社区 /2016 年 /
北京
D02 "共享桌子"杂院改造 /2017 年

/ 北京
D03 亭林有座 /2018 年 / 上海
D04 共享瓢虫 /2019 年

E 线上平台

E01 WeWork 共享办公 /2015 年
E02 特赞 /2015 年

E03 好处 /2016 年

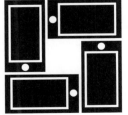

A 城市空间

A01 美国双子城天桥系统
Skyway system of Minneapolis and St. Paul

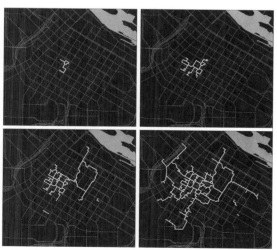

项目年份	1960 年代
主要设计	城市规划部
项目地点	明尼阿波利斯 & 圣保罗
共享类型	让渡共享、全民共享
共享形式	分层共享
共享评价	·从共享类型看，明尼阿波利斯天桥所有权归属建筑所有者。建筑将天桥向市民开放，将部分空间权益让渡与城市，形成了世界上最长的连续系统。 ·圣保罗天桥系统采用公共模式，由政府建造，向全民开放。双子城天桥系统已经成为城市公共交通系统重要组成，通过空间权益的让渡，形成城市空间网络体系。 ·从共享形式看，双子城天桥系统采用分层共享，对街道上方空间的共享在改善行人步行环境的同时也为商场、写字楼等带来丰富的人流。

图 6-1　圣保罗天桥系统　　　　　　　　　　　　　　图 6-1
图 6-2　明尼阿波利斯天桥系统　　　　　　　　　　　图 6-2
图 6-3　明尼阿波利斯天桥系统各阶段增长示意图　　　图 6-3

A 城市空间

项目年份	2009 年一期开放
主要设计	Diller Scofidio+ Renfro 建筑事务所 & James Corner Field Operations 建筑事务所
项目地点	纽约
共享类型	全民共享
共享形式	分层共享
共享评价	·位于纽约的曼哈顿西侧的高线公园是将废弃的高架铁路改造成为一个城市公园，其以一系列有特色的序列空间在高楼林立的城市中塑造出一个线性的、对全民开放的共享空间，并创造独特的漫步体验及城市景观视角。 ·从共享形式来看，高线公园更多的采用分层共享的方式。公园穿行于历史工业街区不同层高的历时呈现，以及设计师在公园内部设计中抬高于野草之上不同高度的观景平台，为不同群体提供不同层次的景观体验空间。

图 6-4   供公众休憩的跌落座椅
图 6-5   穿城而过的高线公园示意图
图 6-6   空中走廊中的观景平台
图 6-7   人们在躺椅上享受阳光

图 6-4	
图 6-5	
图 6-6	图 6-7

A02 高线公园
The High Line Park

A 城市空间

项目年份	2016
主要设计	—
项目地点	首尔
共享类型	全民共享
共享形式	分化共享
共享评价	·为解决城市资源浪费、环境污染、人口爆炸、能源危机等问题，韩国于 2012 年宣布的"首尔共享计划"通过联合政府、企业和市民多层级的合作，推行全民共享的城市改造政策，积极推行共享汽车、鼓励房间分享、共享闲置物品等举措，以解决城市公共设施、服务资源不足等问题，并构建新兴的生态城市系统，建立共享的未来城市。 ·首尔共享城市项目是共享理论从"共享经济"到"共享城市"的扩展。当前国际已有多个共享城市平台或联盟，值得关注。

图 6-8

图 6-9　　图 6-10

图 6-11

图 6-8　首尔市政厅的共享中庭
图 6-9　清溪川城市公园
图 6-10　首尔共享城市内容
图 6-11　首尔路 7017

A03 首尔共享城市
Sharing City Seoul

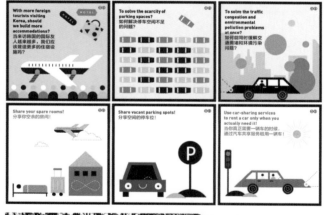

A 城市空间

项目年份	2017
主要设计	致正建筑工作室
项目地点	上海
共享类型	全民共享
共享形式	分隔共享、分化共享
共享评价	· "望江驿"是上海浦江两岸贯通工程滨江绿地里的服务驿站，建筑以平易近人的姿态，为市民提供休憩停留空间、公共卫生间，以及一系列诸如贩卖机、储物柜、雨伞、充电器、心脏除颤器、急救箱等公共共享资源。 · 建筑摆脱了基础设施冷峻严肃的刻板印象，通过与景观和地形的整合，形成了日常的共享的公共空间。

图 6-12　望江驿 1
图 6-13　黄浦江东岸望江驿分布图
图 6-14　望江驿 2
图 6-15　望江驿 3

	图 6-12
图 6-13	
图 6-14	图 6-15

A04 望江驿
River Viewing Service Station

0　500　1000　　2000m

A 城市空间

A05 杨浦滨江城市设计
Planning and Urban Design of Yangpu Riverside

项目年份	2017
项目地点	上海
主要设计	同济原作工作室
共享类型	全民共享、让渡共享
共享形式	分时共享 、分层共享
共享评价	·杨浦滨江这条 5.5km 长的线性滨水岸线，从废弃、封闭的工业遗产成功转型为面向市民开放的艺术水岸，是全民共享的典型代表。对我国存量遗产的更新具有重要意义。 ·在具体节点的改造设计中，如中段设置的驿馆绿之丘、水厂栈道等，则通过部分市政空间的让渡换取对普通市民的开放，是让渡共享的体现。

素材来自：《建筑学报》授权使用

图 6-16　杨浦滨江公共空间示范段总图
图 6-17　杨浦滨江地图
图 6-18　1、2号码头间搭建的钢栈桥
图 6-19　杨树浦驿站

图 6-16
图 6-17
图 6-18
图 6-19

B 街区路径

项目年份	1968—1992
主要设计	桢文彦
项目地点	东京
共享类型	让渡共享
共享形式	分层共享
共享评价	·设计师利用正交式的凹凸，与所在地段的形状相配合，并采用了诸如转角广场、下沉庭园、内外通透等典型的城市设计手法，且建筑沿街一面有高出道路的平台，供人们步行之用，从平台可以直接进入商店通过。 ·这一系列公共、半公共和私密的都市空间，在合理布置功能的同时，创造出与人的尺度相符的空间环境。

图 6-20
图 6-21   图 6-22
图 6-23

图 6-20   内外通透
图 6-21   口袋广场
图 6-22   沿街渗透
图 6-23   下沉庭院

B01 代官山集合住宅
Hillside Terrace

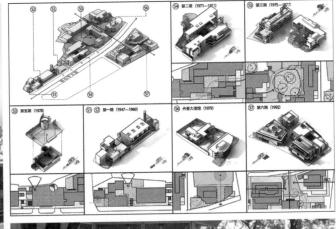

B 街区路径

B02 斯图加特美术馆
Neue Staatsgalerie

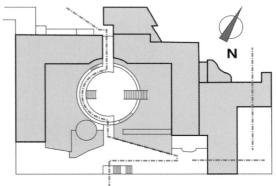

项目年份	1984
主要设计	詹姆斯·斯特林（James Stirling）
项目地点	斯图加特
共享类型	让渡共享
共享形式	分隔共享
共享评价	斯图加特美术馆新馆依托地形，用一条曲折的城市公共步道从新馆背面的厄本街开始，沿 U 形平面中央的圆形庭院盘旋而下，穿过陈列平台，下到入口，使新馆同整个城市紧密联系。在赋予城市步行者独特公共体验的同时，也保证美术馆自身的独立运营。

图 6-24   步道起点
图 6-25   穿越美术馆的公共路径
图 6-26   中心圆形庭院

图 6-24
图 6-25
图 6-26

B 街区路径

项目年份	1986
主要设计	Foster+Partners 事务所
项目地点	香港
共享类型	让渡共享
共享形式	分时共享
共享评价	·在中国香港特别行政区，城市管理非常严格，但是在汇丰银行的底层架空处，每个周日的早晨都会作为家政服务人员的聚会场所，成为露天市集或是舞台。 ·在非工作日将建筑的底层公共空间让渡给办公人员之外的其他群体，成为他们展开跳舞、打牌、野餐等休闲娱乐活动的共享空间。

图 6-27　内部中庭
图 6-28　共享廊道
图 6-29　场地总剖面图与开放底层
图 6-30　开放底层

图 6-27	
图 6-28	图 6-29
	图 6-30

B03 汇丰银行
HSBC Main Building

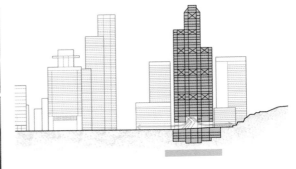

B 街区路径

项目年份	1990
主要设计	约翰・波特曼（John Portman）
项目地点	上海
共享类型	让渡共享
共享形式	分层共享
共享评价	・现代商业的发展，促使商场空间具有更多的让渡。 ・上海商城的设计师是中庭设计的代表人物——约翰・波特曼，通过设立开放的底层和丰富的半室外中庭花园，将商场的首层让渡为市民自由活动的场所，使其成为共享的城市广场。

图 6-31　中心花园
图 6-32　室外中庭
图 6-33　建筑剖面与共享空间
图 6-34　底层开放

图 6-31	
图 6-32	图 6-33
	图 6-34

B04　上海商城
Shanghai Center

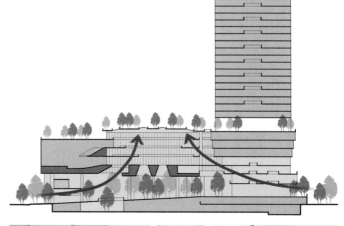

B 街区路径

B05 法国国家图书馆
National Library of France

项目年份	1995
主要设计	多米尼克·佩罗（Dominique Perrault）
项目地点	巴黎
共享类型	全民共享
共享形式	分层共享
共享评价	·多米尼克·佩罗最富盛名的法国国家图书馆，底层的高架广场成为塞纳河左岸第一个大型市民场所。 ·环绕四周的四座塔楼像四本翻开的书页，将广场包围。充满戏剧性的大长台阶，将居民与游客从河边引入人行步道交错的高架广场。 ·250 棵橡树、野松树和桦树种植其中。自然与人工、建筑与城市在广阔的平台上达成了和谐而统一的空间共享。

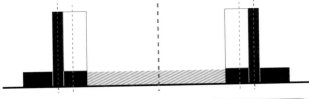

图 6-35　塔楼
图 6-36　建筑剖面与共享空间
图 6-37　高架广场

图 6-35
图 6-36
图 6-37

B 街区路径

B06 奥斯陆歌剧院
Oslo Opera House

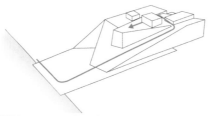

项目年份	2007
主要设计	Snøhetta 建筑事务所
项目地点	奥斯陆
共享类型	全民共享
共享形式	分层共享
共享评价	·奥斯陆歌剧院以水平延展的大理石屋面，实现最广义的开放。建筑连接了城市和峡湾、城市和景观。 ·人们可以看到大楼内的活动：芭蕾排练、街道层的工作室，屋内的人也可以看到城市的互动：步行在屋顶斜面试图向内观望的游客、翩翩起舞的舞者。室内外的界面在这里开始模糊、交融。

图 6-38　歌剧院全景
图 6-39　屋顶共享路径
图 6-40　从室内看室外歌剧院屋顶漫步的游客

图 6-38
图 6-39
图 6-40

B 街区路径

B07 阿那亚社区
Aranya Community

项目年份	2013
社区规划和设计	建言建筑戴烈，何小键等
主要建筑设计	董功、郭锡恩 / 胡如珊、华黎、李虎、柳亦春、马岩松、张文武、张轲、张佳晶、张利、庄慎等
项目地点	秦皇岛
共享类型	群共享
共享评价	·位于北戴河的阿那亚社区，通过互联网的传播成为群共享的活动场所。 ·海边陆续修建的图书馆、教堂、美术馆、音乐厅、剧场等作为社区的公共活动中心，举办多样的文化艺术活动，使每一个来访者成为社区群体中的一员，营造"熟人社会"的社群模式，产生群体互动。

图 6-41　海边图书馆
图 6-42　阿那亚总平面图
图 6-43　阿那亚艺术中心
室外中庭

图 6-41
图 6-42 | 图 6-43

B 街区路径

B08　西村大院
West Village·Basis Yard

项目年份	2015
主要设计	刘家琨
项目地点	成都
共享类型	让渡共享
共享形式	分层共享
共享评价	·成都的西村大院以多层建筑三面围合的布局，架起的步道伸入庭院内划分出三片运动场地，并在北侧设置了直达屋顶的共享坡道，成为社区居民漫步运动的新路径。

图6-44　共享步道与建筑立面
图6-45　街道转角与共享坡道
图6-46　共享内院
图6-47　共享业态分布图

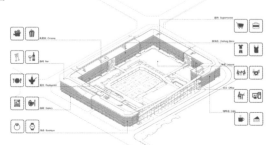

图 6-44

	图 6-45
图 6-47	图 6-46

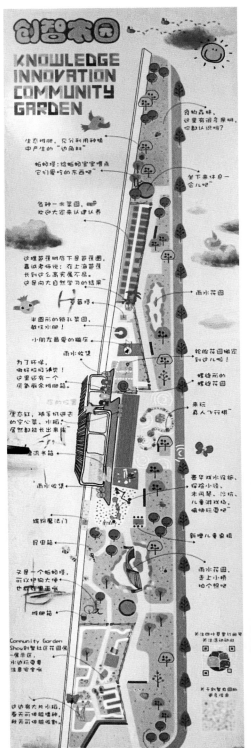

B 街区路径

项目年份	2016
主要设计	泛境景观规划设计事务所
项目地点	上海
共享类型	全民共享
共享形式	分时共享
共享评价	·该地块因地下有重要市政管线通过，是城市开发中的典型隙地，原本处于闲置废弃状态。设计师在此置入活动广场、景观菜园、游戏沙坑等多种活动休憩设施空间，成为周围居民共享的活动空间。 ·农园不仅体现了空间的共享，更是一种激活社区的"参与的共享"。

图 6-48　创智农园漫画平面图
图 6-49　农业种植区
图 6-50　游戏沙坑区

	图 6-49
图 6-48	图 6-50

B09 创智农园
Knowledge & Innovation Community Garden

B 街区路径

项目年份	2017
主要设计	槙文彦
项目地点	深圳
共享类型	全民共享
共享形式	分层共享
共享评价	·建筑的主体空间分别面向山、海、城市三重视野，引发文化的对话和人与人的交流。 ·开放联通的空间设计可举办不同的文化活动，同时将蛇口多样的地貌及交通便捷的地理位置呈现在观者眼前。 ·沿着建筑主轴线依序排开的三大广场，连接着文化与商业空间。这些广场连通着不同楼层的多个空间，供参观者自由穿行。

图 6-51　鸟瞰图
图 6-52　从入口广场看艺术中心
图 6-53　艺术中心大台阶对公众开放
图 6-54　屋顶的开放共享路径
图 6-55　内部庭院

	图 6-51
图 6-52	图 6-54
图 6-53	图 6-55

B10 深圳海上世界文化艺术中心
Shenzhen Sea World Culture and Arts Center

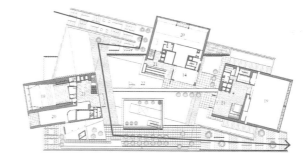

B 街区路径

B11 东梓关村民活动中心
Dongziguan Villager's Activity Center

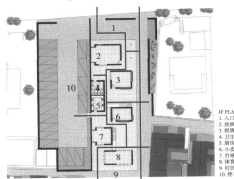

IF PLAN
1. 入口广场
2. 放映室
3. 棋牌室
4. 卫生间
5. 厨房
6. 小卖部
7. 台球室
8. 体育活动室
9. 村民广场
10. 停车场

项目年份	2017
主要设计	gad · line+ studio
项目地点	杭州
共享类型	让渡共享
共享形式	分层共享
共享评价	· 东梓关村民活动中心通过开放的底层设计，将一层让渡成为村民可以自发产生社交活动的共享空间，以应对传统活动中心因完全封闭而失去活力的室内空间。 · 以小单元的体块承载棋牌放映、体育运动等丰富的活动，营造多元的生活场景，并通过连廊将体块之间连通起来，创造出连通内外的自由灰空间，使二层的交通空间也成为共享的舞台。

图 6-56   建筑外观
图 6-57   开放首层的平面示意
图 6-58   开放的首层空间

图 6-56
图 6-57
图 6-58

B 街区路径

B12 深业上城
Shenzhen UpperHills LOFT

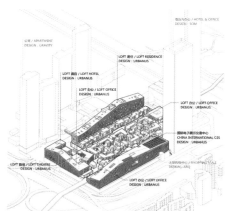

项目年份	2018
主要设计	URBANUS 都市实践
共享类型	让渡共享
项目地点	深圳
共享形式	分层共享
共享评价	·该项目通过两座人工山形体量 LOFT 向内围合出一个安静的空间，以细致的步行街道联结 3 ～ 4 层的高密度的办公 LOFT，排列出一个高低错落，空间变化丰富的小镇，从外围的"大"和"实"逐渐过渡到内部"小"而"虚"非常有活力的区域。 ·让各种人流在同一街区活动，创造了一种居住、办公、商业与文化空间融合的聚落式街道生活新模式。

图 6-59　外围 LOFT
图 6-60　内部共享聚落与外围高楼
图 6-61　内部街道

图 6-59
图 6-60
图 6-61

B 街区路径

B13 昌里园
Changli Garden

项目年份	2020
主要设计	梓耘斋建筑
共享类型	让渡共享
项目地点	上海
共享形式	分隔共享
共享评价	·该项目中折线型的游园路径，不仅与小区内部的环境形成呼应，扩展视野，同时也在为街道提供拓展性的口袋空间。 ·每一处的段落空间在获得功能性价值的同时，也将小区内外的环境交织起来，在无形之中也就消解了围墙所带来的隔断感，使这道围墙园林成为内部社区居民和外部街道游客都能获得参与感的中心性场所空间。

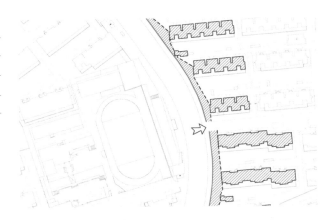

图 6-62 外观
图 6-63 让渡共享区域
图 6-64 开放交通空间

图 6-62
图 6-63
图 6-64

B 街区路径

B14 智慧湾
Wisdom Bay

项目年份	2020
主要设计	多组设计师合作
项目地点	上海
共享类型	让渡共享
共享形式	分层共享、分化共享
共享评价	·该园区通过转型升级改造，让其环境更适应现代化城市空间发展，运用开放理念，打开原有相对封闭的厂区空间，将原来的街、巷、庭院空间释放出来，打造多元融合空间。同时通过打通水岸线，创造了 1.4km 的步行空间，使之成为园区企业员工、来访交流客户和周边居民散步锻炼的新景观亮点，创造多元共享的街区空间。

图 6-65　河岸线共享步道　　　　　　　　　　图 6-65
图 6-66　园区高线公园　　　　　　　　　　　图 6-66
图 6-67　园区内部街道　　　　　　　　　　　图 6-67

C 建筑单体

C01 费城海军大院
Navy Yards in Philadelphia

项目年份	2004
主要设计	Robert A. M. Stern Architects
项目地点	费城
共享类型	全民共享
共享形式	分化共享
共享评价	·费城海军大院自 2000 年以来开始寻求老工业基地经济、文化的复苏之路。2004 年服装巨擘 Urban Outfitters 总部迁入，将象征传统制造业生产的大跨度造船厂房，转变为服装展示、开放式办公和设计工作室的空间。 ·从共享类型看，整个园区从封闭的制造生产空间转向开放的时尚、科技、创意、休憩园区，实现生产与消费相结合，面向城市开放的全民共享空间；而对造船厂本身而言，单一生产空间分化为当代时尚文化主导下以设计、制造、消费、体验相结合的共享空间，是典型的分化共享。

图 6-68　厂房内的休憩座椅
图 6-69　厂房内的休憩座椅
图 6-70　有东方韵味的景观小品

图 6-68
图 6-69
图 6-70

C 建筑单体

项目年份	2005
主要设计	MVRDV 建筑设计事务所 & Blanca Lle ó
项目地点	马德里
共享类型	群共享
共享形式	分层共享
共享评价	・为了破除原提案中六层周边式住宅所带来的过度制式化的感觉，MVRDV 将这一街区沿其一边翻转 90°，创造出了 Mirador 住宅。翻转后位于十二层的挑高 15m 的公共平台，成为建筑中央开敞的共享空间。 ・住宅建筑成了叠加的居住单元，街道成为楼内的垂直交通空间。

图 6-71　山墙面图
图 6-72　主立面 1
图 6-73　主立面 2
图 6-74　公共平台
图 6-75　建筑入口

	图 6-71
图 6-72	图 6-74
图 6-73	图 6-75

C02 西班牙 Mirador 集合住宅
Mirador

C 建筑单体

C03 苏黎世联建社区 MAW House A
MAW House A

项目年份	2007
主要设计	Duplex Architects
项目地点	苏黎世
共享类型	群共享
共享形式	分隔共享
共享评价	·该联建社区项目，在苏黎世东北部的一块L形场地展开。其中由 Duplex Architects 设计的 MAW House A，创新性地在一个规整的方形体量内，采用空间分隔的方式，形成一系列两居室小户型单元。 ·在建筑内部围绕出两个不规则界面的共享中庭和一个结合交通空间扩展而成的共享平台，极大地丰富了集合住宅内部的空间体验。

图 6-76　建筑北侧广场
图 6-77　Google Earth定位图
图 6-78　平面图

图 6-76
图 6-77
图 6-78

C 建筑单体

项目年份	2009
主要设计	MVRDV 建筑设计事务所 & Blanca Lleó
项目地点	马德里
共享类型	群共享
共享形式	分层共享
共享评价	城市街区的给定体量被分割成 30 个小型公寓体块。这些体块上下左右相互堆叠,体块之间留下较宽的开放空间成为穿越建筑的公共天井。天井提供了朝向城市和山地的视野,并在夏季提供了自然通风,成为每一户公寓都可达的共享空间。

图 6-79   从街道看向建筑
图 6-80   建筑内庭院
图 6-81   建筑体块之间的共享空间
图 6-82   从街道看向建筑

图 6-79
图 6-80   图 6-81
图 6-82

C04 Celosia 庭院住宅
Celosia

C 建筑单体

项目年份	2009
主要设计	深圳市建筑科学研究院
项目地点	深圳
共享类型	让渡共享、群共享
共享形式	分层共享
共享评价	·设计者在共享设计理论的指导下，设计出了符合平民绿色理念的深圳建科大楼。深圳建科大楼以 U 形的布局形式，在内部创造出多个通高的共享空间，实现上到最高管理者下到普通员工，人与人的共享。 ·其中，首层除必要功能用房以外全部为 6m 以上架空空间，室外场地连同架空空间全民对外开放，市民可自由穿行，享受绿意和小憩；六层与屋顶均设计为架空绿化层，各办公楼层设计交流平台、敞开报告厅、开放式卡位等，形成丰富的共享空间。

C05 深圳建科大楼
Shenzhen IBR Research Building

素材来自：凤凰卫视《设计家》栏目授权使用

图 6-83   远眺建筑共享空间
图 6-84   面向全民开放的图书馆
图 6-85   建筑室内共享庭院

图 6-83
图6-84 | 图6-85

C 建筑单体

项目年份	2009
主要设计	Steven Holl Architects
项目地点	北京
共享类型	群共享
共享形式	分层共享
共享评价	·当代 MOMA 开创性地设计出了连接 8 栋建筑的空中长廊，构成了一个立体的建筑空间。 ·空中长廊由健身空间、SPA 按摩、美发沙龙、观景长廊、咖啡厅、书店、展厅、餐厅等多个共享活动空间组成，居住、娱乐、休闲、交通被结合在一起，成为一座"城中之城"。

图 6-86　空中长廊的转折
图 6-87　空中长廊功能分析图
图 6-88　仰望空中长廊
图 6-89　当代 MOMA 全貌
图 6-90　广场上的开放空间

	图 6-86
图 6-87	图 6-89
图 6-88	图 6-90

C06 当代 MOMA
Linked Hybrid

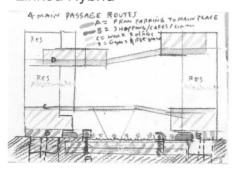

C 建筑单体

C07 劳力士学习中心
Rolex Learning Center

项目年份	2010
主要设计	SANAA
项目地点	洛桑
共享类型	让渡共享
共享形式	分化共享
共享评价	·建筑采用富有流动感的空间结构，将服务区、图书馆、信息中心、社交场所、学习空间、餐厅、咖啡馆等多功能空间，以及优美的户外风景完美融合。 ·传统单调、乏味的线性空间得到了极大的延展，形成了共享时代下独具特色的形式语言和空间体验。

图 6-91 建筑内部的共享学习空间
图 6-92 建筑外部的交通空间
图 6-93 建筑内部的共享交流空间

图 6-91
图 6-92
图 6-93

C 建筑单体

项目年份	2010
主要设计	BIG 建筑事务所
项目地点	哥本哈根
共享类型	让渡共享
共享形式	分时共享
共享评价	·该建筑通过将原有的联排住宅架起,由坡道串联形成连续的共享街道空间,实现传统联排住宅单元的空间化、立体化。 ·通过分时管理,建筑重新定义了公共与私密。建筑庭院对外开放时间为工作日 10:00 至 16:00,其余时间关闭,以保障居住的私密性。

图 6-94 俯瞰住宅阳台与共享庭院
图 6-95 坡道上的透视图
图 6-96 建筑入口
图 6-97 建筑共享庭院
图 6-98 俯瞰共享庭院

	图 6-94	
图 6-95	图 6-97	
图 6-96	图 6-98	

C08 8 字住宅
8 House

C 建筑单体

C09 康奈尔建筑学院米尔斯坦大厅
Milstein Hall Cornell University

项目年份	2011
主要设计	OMA（大都会建筑事务所）
项目地点	伊萨卡
共享类型	群共享
共享形式	分化共享
共享评价	·雷姆·库哈斯设计的康奈尔大学建筑系米尔斯坦因馆，使用1200 t钢材铸造两个巨大的悬臂，连接起原本独立的两座历史馆所。悬挑结构为室内形成错综复杂的连接通道，以及动态的空间流动，创造了无限的可能性。 ·灵活多变的开放平面和悬挑形成的灰空间，为课程设置的灵活变化和学生工作、交流、展示、共享提供了多样的选择。

图 6-99 米尔斯坦大厅内部共享空间
图 6-100 米尔斯坦大厅平面摄影叠加
图 6-101 米尔斯坦大厅悬挑结构外观

图 6-99
图 6-100
图 6-101

C 建筑单体

项目年份	2013
主要设计	Ole Scheeren
项目地点	新加坡
共享类型	群共享
共享形式	分层共享
共享评价	·The Interlace 以六边形的布局方式叠加体量，创造出了一种与自然环境协调并注重交流互动的新型热带生活方式。 ·体量之间的庭院空间，以及每个体量的屋顶花园，向居民提供了大量的交流、休闲和娱乐的机会，共同构成了这栋建筑的共享空间体系。

图 6-102 在庭院中看向建筑
图 6-103 远观整个住区
图 6-104 仰视体块的堆叠
图 6-105 GoogleEarth 定位图
图 6-106 刻画建筑总图形态的景观雕塑

	图 6-102
图 6-103	图 6-105
图 6-104	图 6-106

C10 Interlace 公寓
The Interlace

C 建筑单体

C11 纽约新学院中心大楼
The New School

项目年份	2014
主要设计	SOM 建筑设计事务所
项目地点	纽约
共享类型	群共享
共享形式	分化共享
共享评价	·在由 SOM 设计并于 2014 年落成的纽约新学院中心大楼中，多功能厅、工作室、图书馆、课室、学生宿舍和其他无特定功能空间分化在一栋巨型建筑中，成为一座"共享"校园。 ·从地面一直延伸到七层的开敞大楼梯，既是内部使用者不期而遇的场所，也让街道行人可以看见内部学院的活动，大学通过楼梯的大橱窗与城市共享。

图 6-107　建筑内部的共享楼梯在立面上的显现
图 6-108　建筑内部的共享讨论空间
图 6-109　楼梯旁的共享讨论空间

图 6-107
图 6-108
图 6-109

C 建筑单体

项目年份	2015
主要设计	META-PROJECT
项目地点	吉林
共享类型	群共享
共享形式	分隔共享
共享评价	·新青年公社是一座混合性青年居住社区，位于万科松花湖度假区的边缘。 ·该建筑公寓部分的平面布置，并未采用传统的单廊串联独立套间的模式，而是通过取消独立厨房与起居，减小居室单元面积，在共享层置入公共的厨房起居等空间，形成互动交往的青年共享社区。

图 6-110　中庭公共空间
图 6-111　入口桥下的下沉庭院
图 6-112　邻里共享空间
图 6-113　邻里共享空间
图 6-114　建筑与北侧山脉

	图 6-110
图 6-111	图 6-113
图 6-112	图 6-114

C12 松花湖新青年公社
New Youth Commune

C 建筑单体

C13 清华大学海洋学院
Tsinghua Ocean Center

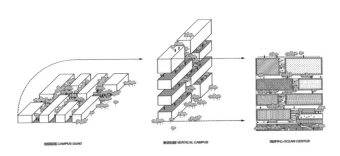

项目年份	2016
主要设计	OPEN 建筑事务所
项目地点	深圳
共享类型	群共享
共享形式	分层共享
共享评价	·清华大学海洋中心将传统式院落 90° 翻折，形成一个垂直的院落体系，在垂直院落的虚实关系里——每两个体块之间插入一个水平的园林式的共享空间：岛屿状的会议室、头脑风暴室、展厅、交流中心、咖啡厅等。 ·公共设施以开放的形态将师生吸引过来，制造不期而遇的碰撞与交流。

图 6-115　校园主轴线尽头的海洋中心建筑大楼
图 6-116　垂直院落体系分析图
图 6-117　学院共享庭院

图 6-115
图 6-116
图 6-117

C 建筑单体

项目年份	2016
主要设计	高目建筑设计事务所
项目地点	上海
共享类型	让渡共享
共享形式	分隔共享
共享评价	·上海德富路中学突破了传统学校建筑的行列式布局形式，在解决了日照、声音和通风问题的基础上，创造性地使用了田字格布局。 ·田字格中间的开放中庭引入了绿色景观，屋顶空间的建筑使用价值被最大化利用，校园与学生映衬出生机盎然的画面。

图 6-118　主教学楼南面景观
图 6-119　主教学楼西南庭院
图 6-120　主教学楼主入口
图 6-121　建筑庭院入口
图 6-122　从主入口楼梯看风雨操场

	图 6-118
图 6-119	图 6-121
图 6-120	图 6-122

C14 上海德富路中学
Defu Junior High School

C 建筑单体

C15 W57
W57

项目年份	2016
主要设计	BIG 建筑事务所
项目地点	纽约
共享类型	群共享
共享形式	分化共享
共享评价	·W57 结合了欧洲街坊建筑和传统美国高层建筑的特征，双曲面状的建筑中央，是一座 22000 平方英尺（约 2043.87m² ）的花园。 ·建筑的一二层，环绕花园布置着休息室、活动室、高尔夫模拟区、电影放映室、泳池、篮球馆、健身房、棋牌室、乒乓球室、台球室和沙狐球场等空间。

图 6-123   在建筑中央庭院中向上仰视
图 6-124   在河对面看建筑立面与天际线
图 6-125   建筑内部中央庭院

图 6-123
图 6-124
图 6-125

C 建筑单体

项目年份	2017
主要设计	MVRDV 建筑设计事务所
项目地点	鹿特丹
共享类型	让渡共享
共享形式	分层共享
共享评价	·鹿特丹的市场住宅采用富有张力的巨大拱形体量置入公寓功能，覆盖创造出尺度惊人的共享空间，提供了餐饮、市场零售等功能，并外化在立面上。 ·该设计将室内私密空间与室外共享空间进行重构，将内部空间转化为公共空间，探讨"室内都市化"的可能性。

图 6-126　夜晚的主入口
图 6-127　建筑与街道、城市的关系
图 6-128　建筑的主侧立面
图 6-129　从住户窗口看市集内部
图 6-130　从主入口看向内部市集

	图 6-126
图 6-127	图 6-129
图 6-128	图 6-130

C16 鹿特丹市场住宅
Markthal Rotterdam

C 建筑单体

C17 福田水围柠盟人才公寓
Shuiwei LM Apartment

项目年份	2017
主要设计	DOFFICE
项目地点	深圳
共享类型	群共享
共享形式	分隔共享
共享评价	·深圳水围柠盟青年社区是由中心的城中村"握手楼"改造而成，在间距极小的楼栋之间置入廊道与电梯，形成水平及横向的串联。 ·项目通过三种策略实现社区的共享：公共私密空间的整合，城市生活事件的再现，边界模糊与线性连接。 ·在既有空间下的改造，通过共享理念的介入，提升了空间品质并产生了空间使用的全新方式。

图 6-131　握手楼之间的廊道
图 6-132　建筑屋顶的公共共享空间
图 6-133　建筑内部的公共共享空间

图 6-131
图 6-132
图 6-133

C 建筑单体

项目年份	2018
主要设计	ALA Architects
项目地点	赫尔辛基
共享类型	全民共享
共享形式	分层共享
共享评价	·赫尔辛基中心图书馆将以两个巨大的、跨度超过100m的钢拱支撑，创造出完全没有立柱的入口公共空间。 ·建筑体量在入口处向内凹进，由此在内外边界处产生了一个共享的模糊空间，将城镇广场延伸进室内，向所有人开放。

图 6-134　阅览区阶梯共享空间
图 6-135　主入口立面
图 6-136　私密的阅读空间
图 6-137　公共阅读的共享空间
图 6-138　桁架结构下方灵活的共享空间

	图 6-134
图 6-135	图 6-137
图 6-136	图 6-138

C18 Oodi 赫尔辛基中心图书馆
Oodi Helsinki Central Library

C 建筑单体

C19 无界社区 · 紫泥堂纤维板厂改造
Wujie Community·ZiNi Twelve Portal Project

项目年份	2018
主要设计	扉建筑
项目地点	广州
共享类型	群共享
共享形式	分化共享
共享评价	·设计者在改造纤维板厂时，从工厂发展的历程中摘取时间的片段，运用了多达13种物料，在两个台地上搭建了7个小屋，模拟出私建房屋的自由状态。 ·建筑就像拆除了围墙的园子，亭台楼阁前后叠置，显出"漏透"的山、石品相。改造后的垂直社区，拥有了独立而共享融洽的邻里关系。

图 6-139   建筑正立面图
图 6-140   建筑内部共享空间
图 6-141   楼梯下的共享空间

图 6-139
图 6-140
图 6-141

C 建筑单体

项目年份	2019
主要设计	非常建筑
项目地点	吉首
共享类型	让渡共享
共享形式	分化共享
共享评价	·非常建筑设计的吉首美术馆以"桥"的形式,把美术馆开到市民家门口。穿城而过的万溶江流经吉首的核心地带,促使建筑师构想出一座横跨江面、兼作步行桥的美术馆。 ·它嵌入到现有的城市肌理中,内外边界的模糊使这一体量既创造了美术馆的内部空间,又是公共的桥的一部分。

图 6-142   建筑与古城的关系
图 6-143   透过步行桥天窗仰望大展厅
图 6-144   建筑与河道的关系
图 6-145   建筑屋顶平台
图 6-146   建筑西侧入口

	图 6-142	
图 6-143	图 6-144	
图 6-145	图 6-146	

C20 吉首美术馆
Jishou Art Museum

C21 CopenHill 新型垃圾焚烧发电厂
CopenHill Energy Plant

项目年份	2019
主要设计	BIG 建筑事务所
项目地点	哥本哈根
共享类型	让渡共享
共享形式	分层共享
共享评价	·CopenHill 是一座融合了娱乐中心和环境教育中心的垃圾焚烧发电厂。 ·建筑的倾斜屋面被设计为三种不同坡度的人造滑雪道，以及为非滑雪者提供的屋顶酒吧、观景平台、混合健身训练区、攀岩墙，以及长 490m 的山地森林徒步小径。 ·建筑内部设有一部直达坡顶的观光电梯，在电梯内可以看到垃圾焚烧厂内部的运作画面。

图 6-147   建筑屋面的滑雪道
图 6-148   建筑夜景
图 6-149   建筑整体鸟瞰

图 6-147
图 6-148
图 6-149

C 建筑单体

项目年份	2019
主要设计	同济原作设计工作室
项目地点	上海
共享类型	全民共享
共享形式	分化共享
共享评价	·该项目通过合理有效的设计，原本横亘在城市与江岸之间的流程钢筋混凝土框架结构仓库，被保留了下来。 ·经过体量的削减、新功能的置入，成为一栋集市政基础设施、公共绿地和公共配套服务等功能的城市滨江综合体，一座连接城市与江岸的桥梁。

图 6-150　建筑鸟瞰图
图 6-151　临江面的退台
图 6-152　悬挑的步道与黄浦江
图 6-153　建筑鸟瞰图
图 6-154　退台与悬挑的步道

素材来自：章勇，摄影

C22 绿之丘
Green Hill

	图 6-150
图 6-151	图 6-153
图 6-152	图 6-154

C 建筑单体

C23 Swatch 总部大楼
Swatch and Omega Campus

项目年份	2019
主要设计	坂茂建筑设计
项目地点	比尔
共享类型	群共享
共享形式	分化共享
共享评价	·日本建筑师坂茂为瑞士斯沃琪设计的总部大楼，除常规的工作卡座外，整个建筑分布着各种公共区域：自助餐厅、不同间隔之间的小休息区，独立设置的"壁龛小屋"，层层退台的开放办公。 ·这也是一个线性的延展的空间，它不是我们想象的一种集中、封闭、圆环或立方体建筑，而是一种有弹性、可延展的线性空间。

图 6-155   建筑外观
图 6-156   开放办公
图 6-157   开放办公

图 6-155
图 6-156
图 6-157

D 装置小品

D01 400 盒子的共享社区
Sharing Community of 400 Boxes

项目年份	2016
主要设计	B.L.U.E. 建筑设计事务所
项目地点	北京
共享类型	群共享
共享形式	分隔共享
共享评价	· "400 盒子的共享社区"为都市中生活的年轻人构建出了一种全新的共享社区模式。 · 设计将城市中空置楼宇内划分出私人空间的隔墙打开，私人空间成为一个个不满 5m² 的小型可移动的盒子，盒子之外的就是拥有厨房、卫生间、淋浴间、洗衣间等生活功能的公共空间。

图 6-158　楼宇内分布着若干盒子的想象图　　　　图 6-158
图 6-159　盒子模型　　　　　　　　　　　　　　图 6-159
图 6-160　胡同里分布的各种家具　　　　　　　　图 6-160

D 装置小品

项目年份	2017
主要设计	URBANUS 都市实践
项目地点	北京
共享类型	群共享
共享形式	分隔共享
共享评价	·胡同改造中"共享桌子"的理念，是将居民从私利出发的圈地运动变为积极的共享行动。 ·作为邻里分割线的桌子，既界定了每家的院落属地，成为每一户半公半私密的桌子，同时又被打造成整个院落的共享界面，变成邻里下棋、喝酒、打牌、品茶的交往平台。

图 6-161　阴天的共享桌子（一）
图 6-162　阴天的共享桌子（二）
图 6-163　晴天的共享桌子（一）
图 6-164　"交往界面"与"私享空间"平面图
图 6-165　晴天的共享桌子（二）

	图 6-161
图 6-162	图 6-164
图 6-163	图 6-165

D02 "共享桌子"杂院改造
Sharing Table

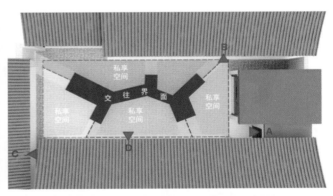

D 装置小品

D03 亭林有座
Meet in the Trees-Like Pavilions

项目年份	2018
主要设计	同济原作设计工作室
项目地点	上海
共享类型	群共享
共享形式	分隔共享
共享评价	·在同济大学建筑与城市规划学院 B 楼有一间共享教室，由同济原作建筑工作室主持设计。 ·设计师将原本完全公共空间的交通空间，改造为公共、半公共、半私密与私密空间灵活组合的共享教室。 ·它试图为所有同学提供一个开放、自主的共享空间，既可以承担讨论、聚会、评图等活动，也可以提供较为私密的半围合场所。

图 6-166   在共享空间里讨论的学生们   图6-166
图 6-167   午后在共享空间里学习的学生们   图6-167
图 6-168   傍晚在窗边学习的学生   图6-168

D 装置小品

项目年份	2019
主要设计	罗宇杰工作室
项目地点	—
共享类型	群共享
共享形式	分化共享
共享评价	·面对城市中大量因为无节制的商业运作而非质量问题退役的共享单车，设计者探索出比直接回收更积极的方式，以一辆具有创客精神的小型储物车，继续发挥着单车的价值。 ·"微型共享书屋"是这辆车的延展功能之一，每个人都可以在这里进行阅读，并与陌生人交换书籍。

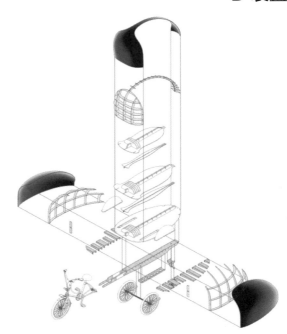

图 6-169   分解轴测图   图6-169
图 6-170   儿童玩耍、骑乘   图6-170

D04 共享瓢虫
Shared Lady Beetle

E 线上平台

E01 WeWork 共享办公
WeWork

创始年份	2015
创 始 人	Adam Neumann & Miguel McKelvey
项目地点	—
共享类型	群共享
共享形式	分时共享
共享评价	·共享办公模式的鼻祖 WeWork 向城市实体空间发起冲击，通过时段的预约让各个使用群体分时共享同一办公空间。 ·通过营造浓厚的交流、合作、沟通的空间氛围，将物理办公空间设计为更具健身房或者咖啡厅特点的公共交流场所，从而使其成为给各个办公团队提供信息、资源共享的绝佳平台。

图6-171　WeWork上海浦东嘉里城店的公共区域　　图6-171

图6-172　WeWork上海浦东嘉里城店的办公区域　　图6-172

E 线上平台

E02 特赞
Tezign

创始年份	2015
创 始 人	范凌
项目地点	—
共享类型	群共享
共享形式	分时共享
共享评价	·"特赞"在成立之初将设计对接平台作为创业的切入点，依托网络平台整合设计师的创意资源，给设计者提供实际项目来源，向企业提供灵活的营销方案，以解决设计方案与企业营销之间的供需不对等问题。 ·并随着产品使用客户量的扩大，其创意资源平台借助不断积累的用户数据基础，成为共享创意营销设计概念的资源平台。

创意商城

百款SKU随心选，体验电商购物般的下单流程

图 6-173   特赞的创意智能案例
图 6-174   特赞为字节跳动提供内容中台服务
图 6-175   特赞为中国平安提供内容生产

图 6-173
图 6-174
图 6-175

E 线上平台

创始年份	2016
创 始 人	何勇
项目地点	—
共享类型	群共享
共享形式	分时共享
共享评价	上海"好处"以共享客厅为理念,在全市范围内选取有特点的建筑进行改造,通过线上预约的方式提供客厅的分时共享,并可以提供如轻餐、饮料、主题布置等一定程度的额外服务,激活了原本闲置的城市空间,也重组了空间原有的公共与私密。

图 6-176　由好处提供场地的会议工作坊
图 6-177　由好处提供场地的拍摄直播
图 6-178　好处的"小院"空间
图 6-179　"创造城市新空间"的理念
图 6-180　由好处提供场地的聚会派对

	图6-176
图6-177	图6-179
图6-178	图6-180

E03 好处
MeetBest

6.2 我们的实践
Our Practices

在过去的 5 年中，本书作者与相关团队合作，主动进行了共享建筑的设计实践，也是逐步对我们思考的四类问题进行具体的回答。第一，确定共享的类型（全民共享、让渡共享、群共享）；第二，选取共享的方式（分层共享、分隔共享、分时共享、分化共享）。第三，探索共享建筑学的形式表达（线性延展、透明性、边界模糊、公私界限的重构）。第四，思考主体共享和客体共享（人和空间）之间的关系。我们有幸在江苏、四川、海南，上海，浙江等地进行了 10 多项不同类型的共享建筑设计实践，在此选择 7 个实例作简要介绍（表 6-1）。

在我们的实践中，教育建筑成为最重要的题材。小学、中学、大学、大学园区，建筑的公共性、多元性和集群性为共享建筑学留下了广阔的天地。园林建筑也有很多的表达机会，"观景"和"景观"之间的对应关系为路径的设计和停留的空间提供了共享的可能。在城市设计中，以共享为目标能形成鲜明的空间特性。在住宅设计和研究项目中，通过共享来改变千篇一律的城市建筑面貌有很多的机会，但也必须面对更多的挑战。在工业遗产改造中，共享的原则是引入不同的功能，让不同的人群成为共享城市空间的主体，同时也为社区带来不期而遇的活力。共享，不仅是一种新的建筑理念，而且可以是新的形式语言的依托。

探索全民共享、让渡共享、群共享三种类型，运用分隔、分层、分时、分化四种方法，呈现建筑形式的线性延展、边界模糊、公私重组、透明新变化。在四川成都、海南陵水、江苏常州、浙江宁波、上海奉贤和杨浦等地，进行了实验和实践。

Explore the three types of sharing and use four methods of separation, stratification, time-sharing and differentiation to present the linear extension, boundary-blurring, restructuring publicity and private space and transparent facade to contribute new forms of architecture. Practices were carried out in Sichuan, Hainan, Jiangsu, Zhejiang and Shanghai.

表 6-1   实践项目一览表

地点 / 时间	名称 / 功能	规模	特点	共享要素
·江苏省常州市 ·2017—2020 年	·皇粮浜学校和全民健身中心 ·小学、中学、少年宫、健身中心	·城市设计 + 建筑设计 ·用地约 8hm²，建筑面积 10 万 m² ·已建成	·学校和少年宫在假期边界可变利用时间差共享体育设施和停车库 ·共享体育教练	·群共享 / 让渡共享 ·分时 / 分化共享 ·线性延展 / 公私重组 ·客体共享 / 主体共享
·四川省成都市 ·2018—2023 年	·中国民航飞行学院成都新校区 ·教学、科研、管理、生活各功能	·城市设计 + 方案 + 初步设计 ·用地约 120hm²，建筑面积 100 万 m² ·建设中	·学院"群雁"建筑体量与图书馆、综合建筑对答，通过街道空间和连廊，形成共享纽带	·群共享 ·分层共享 / 分隔共享 ·线性延展 / 透明性 ·客体共享

续表

地点 / 时间	名称 / 功能	规模	特点	共享要素
·海南省陵水县 ·2020—2025 年	·海南陵水黎安国际教育创新试验区 ·国际合作办学园区	·一体化设计（规划＋城市设计＋建筑设计） ·用地约 4km²，建筑面积约 160 万 m² ·建设中	·"大共享小学院"，依托山水带型布置开放园区，设共享带 ·各学院设开放庭院引导学科交叉和空间共享	·群共享 / 让渡共享 / 全民共享 ·分隔共享 / 分层共享 ·线性延展 / 边界模糊 / 公私重组 ·客体共享 / 主体共享
·上海市奉贤区 ·2021 年	·上海之鱼木构移动驿站 ·公园景观服务（厕所、更衣、自助售卖、办公）	·规划＋建筑设计 ·在公园内 15 个木构驿站，建筑面积约 3000m² ·已建成	·8 个立方体木构亭，7 个异形木构景观建筑，把不同功能和景观游线组织在一起	·全民共享 / 让渡共享 ·分层共享 / 分隔共享 ·边界模糊 / 线性延展 / 公私重组 ·客体共享
·上海市奉贤区 ·2018 年	·齐贤工业区"美 U 谷" ·医美产业建筑，商业建筑，部分生活配套	·城市设计，乡镇工业园区更新 ·用地 32hm²，建筑面积约 50 万 m² ·方案获批，待实施	·采取"夹心饼干"式布置，设计 2km² 长的共享步行空间，统领建筑群体，作为产业客户交流体验场所	·全民共享 / 群共享 ·分隔共享 ·线性延展 / 公私重组 ·客体共享 / 主体共享
·浙江省嘉兴市 ·2017 年	·角里街民丰冶金厂改造 ·居住，办公，商业，城市配套设施	·城市设计 ·用地约 80hm²，新老建筑面积 100 万 m² ·方案竞赛第一名，待实施	·提出"4321"城中厂更新模式，通过保留肌理，多主体混合，新旧建筑"贴建、插建、组建"实现开放共享	·全民共享 / 群共享 ·分隔共享 / 分层共享 / 分化共享 ·边界模糊 / 透明性 / 公私重组 ·客体共享 / 主体共享
·上海市杨浦区 ·2019 年	·杨浦滨江南段住宅类型研究 ·商品住宅，少量配套	·城市更新设计研究 ·用地 4.39hm²，建筑面积 10 万 m² ·研究项目，非实施	·保留原有街道系统，形成不同的共享街坊 ·尝试与城市街道空间多种共享模式	·全民共享 / 群共享 ·分隔共享 / 分层共享 / 分时共享 ·边界模糊 / 公私重组 ·客体共享

项目年份	2017—2020
设计团队	李振宇、卢斌、宋健健、张一丹、张篪、梅卿等
共享评价	・在业主策划的支持下，设计以分时共享为特点，实现了四重共享。 ・小学、少年宫、中学呈"弓"字形布置，其边界在寒暑假发生变化，形成建筑空间共享。 ・学校和全民健身中心同处一个街坊，由政府同期兴建，体育馆、游泳馆、运动场设施共享。 ・地下停车场按学校、全民健身中心和社区居民顺位使用，形成交通设施共享。 ・学校体育教师兼任健身中心教练员，双聘制人员共享。校园以有机体弹性延展的形态应对共享需求，形成新的表达。

图 6-181　共享庭院
图 6-182　内部走廊
图 6-183　校园航拍

图 6-181	
图 6-182	
图 6-183	

皇粮浜学校和全民健身中心

中国民航飞行学院成都新校区

项目年份	2018—2023
设计团队	李振宇、涂慧君、刘敏、邓丰、路秀洁、干云妮等
共享评价	·运用"四方有序、一池三岛、两环多轴、雁字回时"的城市设计理念，来表达培养民航飞行员这一特殊的大学校园的意象。主体学院楼群以120°夹角"大雁"形建筑体量，与图书馆，综合教学楼等形成呼应。 ·"群雁"建筑之间留出24m宽的共享街道，在三、四层处设置连廊共享带，勾勒出建筑之间的联系，成为学科交叉，自主学习和师生交流的纽带，把分层共享和分隔共享表达得比较充分，并且在形式上有明确的线性延展和透明性特点。

图 6-184　空管学院教学用房
图 6-185　鸟瞰图
图 6-186　公共主教学楼

图 6-184

图 6-185

图 6-186

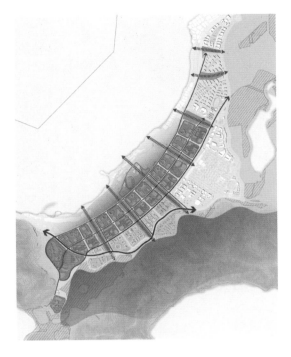

项目年份	2020—2025
设计团队	李振宇、王骏、涂慧君、徐杰、谈松、刘敏、董正蒙、徐旸等
共享评价	·根据海南省"大共享小学院"的园区建设方针，在国际教学园区的一体化设计中，实现多层次开放共享设计。 ·在规划层面上依托山海景观，设置"人"字形带型园区，由共享带支撑五带七轴，统领全局。 ·在城市设计层面上，重点刻画滨水学院带，每个学院设置面向海港的 1000m² 共享开放庭院，逻辑相同，形态各异，促进不同学科间师生交流。 ·单体建筑层面上强调架空层、露台平台等半室外空间的多主体共享，形成场所特色。 ·在景观设计层面上设计多方向多层次的路径共享，形成独一无二的教育园区共享空间体系。

图 6-187　"五带七廊"分析图
图 6-188　鸟瞰及体育场现场

图 6-187
图 6-188

海南陵水黎安国际教育创新试验区

项目年份	2021
设计团队	李振宇、成立、邓丰、董正蒙、宋健健、王达仁等
共享评价	·在奉贤上海之鱼公园内,按"日晷"构图规划布置木构移动驿站30个,其中第一批15个已经建成。基本型移动驿站以长、宽、高9m为基本尺度,以鲁班锁为设计原型,具有驿站可移动可拆卸的便捷性。 ·以核心功能(洗手间,自动售卖机等)+基本功能(更衣室,服务室等)为生成依据,加载直播间、茶室、书吧、观景平台等拓展共享功能,形成统一中的参差多态。 ·变化型移动驿站因地制宜,各不相同,有观鱼阶,飞鱼橼,梨花亭,戏鱼廊,三友斋,伴月轩等特殊造型,运用数字建造技术,呈现出共享型景观建筑的独特趣味。

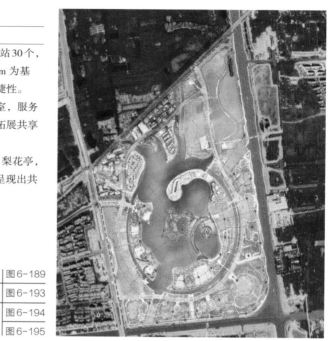

图 6-189　总平面图
图 6-190　三友斋
图 6-191　飞鱼橼
图 6-192　梨花亭与戏鱼廊
图 6-193　A8木构驿站
图 6-194　A4木构驿站
图 6-195　观鱼阶

		图6-189
图6-190	图6-191	图6-193
图6-192		图6-194
		图6-195

上海之鱼木构移动驿站

齐贤工业区"美U谷"

项目年份	2018
设计团队	李振宇、朱怡晨、王浩宇等
共享评价	·根据工业园区更新地块南北浅、东西长的特点，根据医美产业建筑的特色，城市设计以贯穿东西的共享空间为灵魂，设计以一条 U 景观走廊，串联南北各十个地块，结构犹如"夹心饼干"，把连续的室外客流空间引入建筑组团之中。 ·在街坊外部形成高低错落的城市界面，在组团内部塑造丰富多样的谷状共享路径，由高架步道，园林，广场，大院等不同的空间元素组成，在形式上促成了共享空间的线性延展。

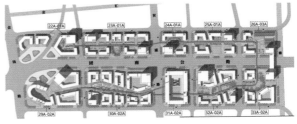

图 6-196   共享内街
图 6-197   总平面图
图 6-198   鸟瞰图

图 6-196
图 6-197
图 6-198

甪里街民丰冶金厂改造

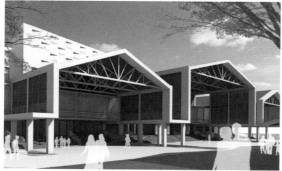

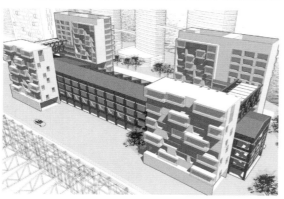

项目年份	2017
设计团队	李振宇、王骏、徐杰、卢斌、孙淼、李垣、黄璐、胡鸿远、胡裕庆、李哲等
共享评价	·以开放共享的原则进行"城中厂"的社区化改造，在嘉兴最大的老厂片区，提出"4321"共享改造方案。 ·新旧共生；保留厂区道路系统、景观绿化、有价值的厂房，工业元素。 ·引入不同的共享主体，设40%的居民，40%的创业办公面积，20%的城市服务设施。 ·混合运用新建和改造两种不同的建设方法，实行插建、贴建、加建、组建等多种组合。 ·提出一个目标，即形成开放共享，新老并存的城市社区。

图 6-199　鸟瞰图
图 6-200　社区配套效果图
图 6-201　居住空间效果图

图 6-199
图 6-200
图 6-201

杨浦滨江南段住宅类型研究

项目年份	2019
设计团队	李振宇、羊烨、卢汀滢、王达仁、陈柳珺、米兰等
共享评价	·在杨浦滨江城市设计中，对中高容积率的居住街坊进行专项研究。 ·提出保留原有街道系统，形成不同的共享街坊。 ·居住社区与城市街道空间有机结合，形成积极的共性街道界面和边界，配置社区级和城市级的配套服务，延伸滨江观景廊道，组织可以共享的视线和场景。 ·提出层叠式、平行式、圈层式、分时式四种空间共享的模式。

图 6-202　鸟瞰图
图 6-203　社区配套效果图
图 6-204　居住空间效果图
图 6-205　共享内街

	图 6-203
图 6-202	图 6-204
图 6-205	

教学案例：共享建筑研究生设计课任务书

Appendix: Assignments of Sharing Architectural Postgraduate Design Course

基于共享理念的青年社区设计

建筑学硕士研究生

2022—2023 年，第 1 学期

学分：4

学时：72

课外学时：216

课程概况：

　　新的空间形式和建筑类型学正在生成，共享建筑学与社会的发展和技术的进步密切关联，作为一种新的设计理念，成为建筑创作多样性和建筑意义改变的推动力。课程通过对共享理论及相关理论的学习和理解，进行青年社区的总体规划与建筑单体设计。

　　课程基于建筑学前沿研究课题，以国家自然科学基金研究为依托，通过前期策划、规划设计、技术深化、成果总结等不同阶段，培养学生专业技能、设计理论与方法，以及设计表达等多方面的能力。一方面，课程探讨了青年社区共享设计的多种可能性，要求在满足现有规范限制的条件下，基于调研成果，在教学框架下进行自主选题，根据对共享的功能的讨论自行拟定设计任务书与指标要求；另一方面，从设计理论到设计表达，课程贯彻共享理论在设计中的实践与应用，提高社区总体规划能力与建筑单体设计能力，提高对于共享建筑理念体系的认知。

　　课程旨在培养学生建立以研究为导向的设计意识，通过文献阅读与调研等方式获取一手资料，改变学生以往从形式入手进行设计的固化思维，锻炼学生对问题的观察与分析能力，以及训练从问题切入寻找解决方式的设计思维；同时，通过对共享建筑理论的学习，使学生了解共享理论的理论知识，提升学生对共享建筑设计的意识，通过设计对理论知识进行初步应用，锻炼学生从理论到实践的转化思维；此外，课程通过课堂上的个人汇报与讨论的方式增强学生的协调沟通能力，提升学生合作设计意识与交流技能。

设计内容：

功能、定位等要求：课程要求学生结合共享理论的建筑设计方法，运用对于共享功能、共享方式、共享形式及共享管理的研究，设计一个完整的青年共享社区，包括社区总体规划、单体建筑设计、室内设计、细部设计。学生可以在调研的基础上自行确定设计任务书，规定设计服务对象、技术指标等，保证设计方案的创新性以及多样性，最终需要对共享理念有所呼应。

基地介绍：地处奉贤南桥新城中心浦南运河北岸，运河南岸为奉贤老城区，东至民村、南至浦南运河、西至环城西路、北至国秀路。规划范围总用地面积约为 5.36hm²，容积率不超过 2.0，滨水核心区域地块整体控制在 24 ~ 40m 以内，局部区域按照 60m 控制。

案例图 -1 基地调研

案例图 -2 基地现状

案例表 -1　课程进度及教学日程

	阶段	教学内容
1	第 1 周至第 3 周 基地调研及前期研究	宣讲课程内容，讲解任务书
		场地实地调研
		方案设计及共享的功能讨论
2	第 4 周至第 11 周 共享设计及中期汇报	方案设计：共享的方式
		方案汇报
		方案设计：共享的形式
		方案汇报
		方案设计：共享的管理
		方案汇报
		深化设计
		中期汇报
3	第 12 周至第 15 周 深化设计	深化设计：社区总体
		深化设计：建筑单体
		深化设计：建筑室内
		深化设计：建筑细部
4	第 16 周至第 17 周 文本制作及终期评图	模型及表现图制作，设计整合
		终期评图

案例表 -2　预期提交成果及评分标准

	内容	时间	具体要求	评分权重
1	专题 讨论 / 汇报	第 3 周 2022.03.07 第 5 周 2022.03.21 第 7 周 2022.04.02 第 9 周 2022.04.18	1）以个人为单位绘制图纸并整理形成汇报 PPT 文件 2）讨论 / 汇报内容针对基地调研、共享的功能、共享的方式、共享的形式、共享的管理 3）汇报时间控制在 15 ~ 20min	15%
2	中期 汇报	第 11 周 2022.04.25	1）以个人为单位绘制图纸并整理形成汇报 PPT 文件 2）表达明确共享理念的设计方法 3）汇报时间控制在 15 ~ 20min	15%
3	终期 汇报	第 17 周 2022.06.13	1）每人提供 A3 文本 1 本，横排版，20 页 2）完整方案整体模型（带场地环境），比例 1 ： 500 3）汇报时间控制在 25min 以内，逻辑清晰，表达完整	70%

学生作业　　　　　　　　　　　　　　　　　　　**学生姓名：王雨晴**

无限的 XIAN——INFINITE X

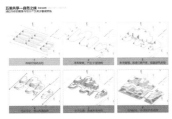

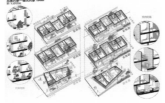

· "Infinite X" 提取于这个城市人居发展过程中所能产生的无限关于共享的可能，并转译为了可视的"无限的线"。这根"线"被转化为了 V 形的建筑原型，其形态以线性共享的方式适应了住宅、共享和辅助功能，同时该原型通过多样类型演变，产生了最终的社区组合。社区整体分层共享，底层全民共享、中间层让渡共享、向上的建筑单元内群共享。

· 在各单元内部的共享为更倾向于分化共享，水平方向上分隔为共享阳台、私人阳台、居住间、公共走道和各层共享公共空间；垂直方向上每一户内又分以卧室为主的系统层和以起居室为主的群体层，共享空间也通过通高空间进行了垂直联系。最后从这些由线所创造的类型出发，实现青年社区与运河、城市的共享，社区内部的功能与空间的共享，使住户与住户、住户与市民之间的共享。

案例图-3　效果图
案例图-4　生成分析图
案例图-5　总平面图
案例图-6　立面与生态
案例图-7　共享与功能
案例图-8　共享与层级
案例图-9　户型轴测图

案例图-3	
案例图-4	案例图-7
案例图-5	案例图-8
案例图-6	案例图-9

学生作业   **学生姓名：徐佳琪**

青年共享聚落

· 青年共享聚落旨在打造一个尺度亲人的滨水活力共享社区。在基地中引入一条共享轴线并通过折线廊道围合出多个全民共享广场。同时在共享轴线两侧置入 U 形合院形成群共享空间。

· **北高南低的布局与退台的手法呼应水景**，同时形成让渡共享的平台与屋顶花园。底部三层为商业功能，向城市开放。容纳咖啡厅、洗衣房、健身房等功能，在满足居民基本需求的同时提供品质生活。通过折线廊道连接商业形成整体。

· **居住功能内每两层设置群共享空间**，可用于共享办公、共享书吧、共享厨房等功能。同时每两层的退台作为这两层居民的群共享空间，可进行聚会、种植、健身等活动。

· **户型丰富多样**，除了常规的单身公寓、双人公寓和三人公寓，还设有 10 ～ 15 人合租的共享公寓，供不同人群选择。

共享轴线划分基地

植入大小体量

U形体量形成合院

丰富形态完善空间

植入退台呼应景观

立体景观优化环境

案例图－10   轴测图
案例图－11   形态生成分析图
案例图－12   总平面图
案例图－13   共享功能分析图
案例图－14   效果图

案例图－10	
	案例图－12
案例图－11	案例图－13
	案例图－14

课程要点：

1. 现场调研 + 自拟任务书

鼓励学生在调研的基础上，在满足场地规划条件和经济技术指标的基础上，从共享的视角，自行确定设计任务书。任务书应脱离以功能面积为单一条件的设置方式，鼓励学生以人群和事件为向导，充分探索场地和设计的可能性。

2. 设计与共享理论相结合

对共享的功能、方式、形式和管理这四个主题，宜以讨论、汇报等形式进行深入探讨，在交流中促进对共享理论的深入理解。同时，共享的理念与方法应体现在城市设计和单体设计中。作为研究生设计课程，应鼓励学生在理论研究的基础上，探索相应的设计方法。

3. 创新性的表达方式

重视终期汇报的表达方式。汇报既应反映相应的工作量，同时要能在客座嘉宾面前以 20min 内的陈述充分呈现设计的亮点。学生应参与点评和评分，锻炼方案评价和竞标的能力。

2022 年春季教学参加人员名单

指导教师：李振宇
实习助教：朱怡晨　徐诚皓
评图专家：董　乐　成　立　董正蒙
课程研究生：王雨晴　徐佳琪　刘真言　毕心怡
　　　　　　王东宇　李安乐　夏雪霏　陈　勇

结语：
Afterword:

共享建筑学，21 世纪的建筑学
Sharing Architecture, The Architecture of the 21st Century

建筑共享有三种模式：全民共享、让渡共享和群共享。

There are three types of sharing architecture: Sharing for All, Sharing by Transfer and Sharing in Group.

共享建筑的空间形式包括分隔、分层、分时和分化。

The spatial types of sharing architecture include Split, Layer, Time-Sharing, and Differentiation.

"形式追随共享"成为建筑形式的发展动力。

"Form Follows Sharing" has become the driving force in the development of architectural forms.

从古到今，建筑和城市的共享一直在延续；进入 21 世纪，信息化提供了重要的契机，共享建筑正在迎来前所未有的发展。作为个人或群体，认知建筑的方式有了全新的变化：我们可以从"拥有建筑"转向"使用建筑"，令共享建筑学成为可能。建筑共享应有三种模式：传统的"全民共享"，不断发展的"让渡共享"和新兴的"群共享"。全民共享强调建筑和空间的公共性，以城市广场、市集为代表，是一种近似无差别的共享。让渡共享在古代就有例证，是一种半公共空间，归属和使用可以实现分离。群共享则更偏向于个人的自主选择，有条件的加入。

共享建筑的空间形式包括分隔、分层、分时和分化。今天，新的空间形式和建筑类型正在生成。共享建筑学与社会的发展和技术的进步密切关联，可以成为一种新的设计理念，成为建筑创作多样性和建筑意义改变的推动力。互联网、个人移动终端、人工智能，以及青年一代的新的生活方式，将促使我们迈进共享建筑学的时代。

建筑的共享正在推动着建筑形式的发展，"形式追随共享"也成为可能。我们注意到，共享至少带来四种形式上的变化。第一，线形空间的延展。在"形式追随功能"思想指导下，交通流线曾经被一再压缩；而共享的要求重新唤起了流线的延伸，交通流线与共享的要求得以结合而发展。第二，建筑空间边界的拓展，边界往往是共享开始的地方，是为建筑的间接使用者服务的场所。第三，建筑的透明性加强。由于共享的需要，在建筑的外立面和内立面可以充分表达这种共享的空间关系。第四，建筑内部的公私区域产生了新的关系，尤其是交通空间在不断扩大，形成多义的共享空间，今后我们有可能会改写许多的建筑标准和规范。

　　我们欣喜地看到，在城市公共空间中，越来越重视共享的需求。在滨水岸线、城市基础设施、文化建筑等领域，共享的实践层出不穷；在社区更新中，围墙、亭廊、桌椅等正在越来越多地表达共享的精神；在商业建筑中，开放的庭院、平台、座椅、花坛等越来越多地拉近与路人的距离，这种开放甚至于延伸到了商店关门之后的时段里。这样的实践，促使我们进一步思考建筑学的发展。建筑的策划会进一步扩大"功能"的含义，建筑的评估可以加强对绿色使用的要求；共享建筑学的礼仪、伦理、风险的研究内涵丰富，而共享建筑的公益责任和赢利模式也带来了热烈的讨论。《基多宣言》描绘了"人人共享城市"的愿景，提出建设包容、公正、安全、健康、便利、有韧性和可持续的城市及人类社区。城市应该成为一个开放的系统，是一个各个层面高度共享的空间。参考这个目标，共享建筑学是塑造未来建筑和城市形态的重要思路。它不仅是建筑创作多样性及技法的推动，同时应该成为公共建筑和城市发展大事件的评价导向标准。互联网、个人移动终端、人工智能以及青年一代的新的生活方式，将促使我们迈进共享建筑学的时代。

　　我们也可以这样推测：共享建筑学，是 21 世纪的建筑学。

城市公共空间越来越重视共享的需求，共享建筑学是塑造未来建筑和城市形态的重要方法。

People are paying more attention to the needs for sharing in urban public spaces, and sharing architecture.

图表来源
List of Figures

1.作者拍摄

李振宇摄	前言图 –1 ~ 前言图 –3，前言图 –5；图 1–1，图 1–2，图 1–4，图 1–8，图 1–11，图 1–14 ~ 图 1–16，图 1–18，图 1–27 ~ 图 1–32，图 1–40，图 1–41，图 1–46，图 1–47，图 1–56，图 1–58；图 3–2，图 3–12，图 3–15；图 5–8，图 5–6；图 6–24，图 6–26，图 6–68，图 6–71 ~ 图 6–73，图 6–75，图 6–79 ~ 图 6–82，图 6–86，图 6–94 ~ 图 6–99，图 6–102 ~ 图 6–104，图 6–106，图 6–123，图 6–125 ~ 图 6–130
朱怡晨摄	图 1–19，图 1–22，图 1–34，图 1–42，图 1–44，图 1–52；图 3–7，图 3–11，图 3–24；图 5–4；图 6–4，图 6–9，图 6–38，图 6–40，图 6–52，图 6–53，图 6–69，图 6–70，图 6–151，图 6–152
卢汀滢摄	图 1–3，图 1–10，图 1–43，图 1–45；图 3–3，图 3–25；图 5–7，图 5–9；图 6–8，图 6–27，图 6–28，图 6–30，图 6–35，图 6–37，图 6–91 ~ 图 6–93
王炎初摄	图 6–44 ~ 图 6–46，图 6–48 ~ 图 6–50，图 6–59，图 6–61，图 6–88，图 6–132，图 6–166 ~ 图 6–168，图 6–171，图 6–172
王达仁摄	图 1–9；图 3–5，图 3–20；图 5–1，图 5–3，图 5–4；图 6–62，图 6–64 ~ 图 6–67，图 6–84，图 6–131，图 6–133
宋健健摄	图 3–17，图 3–18，图 3–23，图 3–26；图 6–11
刘雨秋摄	图 1–21；图 6–31，图 6–32，图 6–34
刘敏摄	图 4–8；图 5–16，图 5–18
米兰摄	图 6–41，图 6–43
王修悦摄	图 6–150，图 6–154
成立摄	图 1–12

2.来自公司机构

天津博物馆官网	图 1–17
新加坡国立大学官网	图 1–23
梵蒂冈博物馆官网	图 1–26
Portman Architects 官网	图 1–33
Dominique Perrault Architecture 官网	图 1–35
Archdaily 官网	图 1–36，图 1–55
Gruen Associates 官网	图 1–37
故宫博物院官网	图 1–38，图 1–39
Starbucks 官网	图 1–48
Duplex Architects 官网（摄影师：Johannes Marbug）	图 1–53；图 3–21；图 6–76，图 6–78

续表

URBANUS 都市实践官网	图 1-54；图 6-161 ~ 图 6-165
VOX 科技园官网	图 2-2
美国农业部官网	图 2-3
Schmidt Hammer Lassen Architects 官网	图 2-4
Henning Larson 官网	图 2-5，图 2-6
PerkinsWill 官网	图 2-7
ALA Architects 官网（摄影师：Tuomas Uusheimo）	图 3-6
UNESCO 官网	图 3-9
坂茂建筑设计（SHIGERU BAN ARCHITECTS）官网	图 3-13
Office For Metropolitan Architecture 官网	图 3-16
日本东急不动产 SC 管理株式会社官网	图 4-1
CREDAWARD 地产设计大奖官网	图 4-2
亚马逊公园官网	图 4-3
大悦城官网	图 4-4
浦东图书馆官网	图 4-5
NACTO（美国全国城市运输官员协会）	图 4-23
山本理显建筑事务所	图 4-24
WOHA 建筑事务所	图 4-25
好处官网	图 1-51；图 5-5；图 6-176 ~ 图 6-180
VJAA 建筑事务所	图 6-1，图 6-3
MVRDV 建筑设计事务所	图 6-74
Steven Holl Architects 官网	图 6-87，图 6-89，图 6-90
OPEN 建筑事务所（张超）	图 6-115，图 6-116
BIG 建筑事务所	图 6-124
致正建筑工作室（摄影师：吴清山）	图 6-12，图 6-14，图 6-15
同济原作设计工作室（摄影师：章勇 苏圣亮）	图 6-16 ~ 图 6-19，图 6-153
特赞	图 6-173 ~ 图 6-175

3.来自论文

Alexander, C. A city is not a tree [J]. Archit Forum, 1966, 122:58–62, 58–61.	图 1-20
李振宇，朱怡晨 . 迈向共享建筑学 [J]. 建筑学报 ,2017(12):60–65.	图 1-24，图 1-49，图 1-50
陈栩萦 . 新学院大学中心 [J]. 住区 , 2015(2):76–83.	图 1-57
羊烨，李振宇，郑振华 . 绿色建筑评价体系中的"共享使用"指标 [J]. 同济大学学报（自然科学版），2020,48(6):779–787.	图 2-8；表 2-1 ~ 表 2-3
谭峥 . 拱廊及其变体——大众的建筑学 [J]. 新建筑 ,2014(1):40–44.	图 3-8，图 3-10

续表

（美）柯林・罗，罗伯特・斯拉茨基，透明性 [M]. 金秋野，王又佳，译 . 北京：中国建筑工业出版社，2007.	图 3-14
坪山大剧院 [J]. 建筑学报 ,2020(10):66-72.	图 3-19
上海联创研究院方案图集	图 4-6，图 4-7
亢德芝，胡娟，曹玉洁，郭炎 . 美国城市空中连廊规划建设研究及其启示——以明尼阿波利斯为例 [J]. 国际城市规划 ,2014,29(5):112-118.	图 6-2
李昊，卢宇飞，王皓筠，沈葆菊 . 既有设施活化再利用对城市更新的启示——基于纽约高线公园的实证分析 [J]. 中国名城 ,2020(2):62-67.	图 6-5
顾月明 . 身体的城市空间——从施密茨的新现象学出发解读纽约高线公园 [J]. 建筑技艺 ,2016(3):14-19.	图 6-6，图 6-7
知识共享韩国 . 首尔共享城市：依托共享解决社会与城市问题 [J]. 景观设计学 ,2017,5(3):52-59.	图 6-10
许晔，张斌 . 对被看的遮蔽：东岸望江驿的公共性 [J]. 建筑学报 ,2019(8):45-52.	图 6-13
Maki and Associates	图 6-20，图 6-21，图 6-23
蒋亚静，吴璟，倪方文 . 从"边界"到"边界空间"——代官山集合住宅外部空间设计解析 [J]. 建筑与文化 ,2019(9):211-213.	图 6-22
Verissimo R. Public Space and Urban Safety: The Conditions for City Diversity As Tool For Crime Prevention[C]// Jane Jacobs 100: Her Legacy and Relevance in the 21st Century, 2016.	图 6-25
戴烈，何小健，李峥峥，郭风娇，李莹，刘钦华，王倩兰，袁唱乾，邵丽萍 . 阿那亚小镇 [J]. 建筑实践 ,2020(7):24-37.	图 6-42
刘家琨，杨磊，靳洪铎，刘速，杨鹰，蔡克非，华益，毛炜希，李静，罗明，温锋，林宜萱，王凯玲 . 西村・贝森大院 [J]. 城市环境设计 ,2016(5):193-201+192.	图 6-47
Yasuko Okuyama,Yoshihiko Taira, 伊藤圭，佐藤和夫，Michael Sypkens,Hiromi Kouda,Hiroto Kobayashi,WANG Yiqing,Taishi Kawada. 深圳海上世界文化艺术中心 [J]. 建筑实践 ,2020(2):184-191.	图 6-51，图 6-54，图 6-55
孟凡浩，丁倩琳 . 乡村公共空间营造与东梓关实践再思考——杭州富阳东梓关村民活动中心 [J]. 新建筑 ,2019(4):48-51.	图 6-56 ~ 图 6-58
孟岩，刘晓都，王辉 . 深业上城 LOFT[J]. 建筑学报 ,2019(4):52-57.	图 6-60
梓耘斋建筑 . 昌里园 [J]. 建筑实践 ,2021(1):120-127.	图 6-63
袁小宜，叶青，刘宗源，沈粤湘，张炜 . 实践平民化的绿色建筑——深圳建科大楼设计 [J]. 建筑学报 ,2010(1):14-19.	图 6-83，图 6-85
王志强，葛文俊 . 正在发生的历史 OMA 设计的康奈尔大学建筑学院米尔斯坦因馆 [J]. 时代建筑 ,2013,(3):50-61.	图 6-100，图 6-101
陈栩萦 . 新学院大学中心 [J]. 住区 ,2015(2):76-83.	图 6-107 ~ 图 6-109
王硕，张婧 . 松花湖新青年公社 [J]. 建筑学报 ,2017(5):36-41.	图 6-110 ~ 图 6-114
李虎，黄文菁，Victor Quiros，赵耀，张汉仰，周亭婷，闫迪华，周小晨，乔沙维，张畅，戚征东 ,Joshua Parker, 陈忧 ,Laurence Chan, 金波安 ,Iwan Baan，张超 . 清华大学海洋中心 [J]. 城市环境设计 ,2018(5):54-73.	图 6-117
德富中学 [J]. 建筑学报 ,2014(7):60-66.	图 6-118 ~ 图 6-122
ALA Architects 设计团队 ,Tuomas Uusheimo, 范嘉苑 . 赫尔辛基 OODI 中央图书馆 [J]. 现代装饰 ,2019(4):28-37.	图 6-134 ~ 图 6-138

续表

紫泥堂纤维板厂改造 [J]. 建筑实践 ,2019(7):42–47.	图 6–139 ～图 6–141
张永和 , 鲁力佳 . 吉首美术馆 [J]. 建筑学报 ,2019(11):38–45.	图 6–142 ～图 6–146
今日建筑 [J]. 时代建筑 ,2019(6):178–179.	图 6–147 ～图 6–149
坂茂 . 可持续：从对木材潜力的发掘开始 比尔斯沃琪和欧米茄工业园区 [J]. 室内设计与装修 ,2020(3):58–62.	图 6–156 ～图 6–157
青山周平 .400 盒子的共享社区 [J]. 世界建筑导报 ,2017,32(1):39.	图 6–158 ～图 6–160
罗宇杰 , 卢焯健 , 金伟琦 . 共享瓢虫——可移动的微型儿童书屋 [J]. 建筑实践 ,2019(11):146–148.	图 6–169，图 6–170

4.作者团队自绘及自摄

前言图 –4，图 1–13，图 1–25；图 2–9；图 3–1，图 3–4，图 3–22，图 3–27，图 3–28，表 3–1；图 4–9，图 4–10，图 4–17 ～图 4–22，表 4–1；图 5–2，图 5–10，表 5–1，表 5–2，表 5–4，表 5–5；图 6–25，图 6–29，图 6–33，图 6–36，图 6–39，图 6–77，图 6–105，图 6–181 ～图 6–205，表 6–1；案例图 –1，案例图 –2，案例表 –1，案例表 –2。

5.学生自绘

图 4–11 ～图 4–20；图 5–11 ～图 5–15，图 5–17，图 5–19 ～图 5–22，表 5–3；案例图 3 ～案例图 14。

6.来自网络

软件工作平台	图 1–5 ～图 1–7，图 2–1

参考文献
References

[1]　Andreotti A , Anselmi G , Eichhorn T , Hoffmann C. P , Micheli M. Participation in the Sharing Economy[R]. Report for The EU Horizon 2020 project Ps2 Share: Participation, Privacy and Power in the Sharing Economy,2017.

[2]　Christopher Alexander. A City is Not a Tree [J]. Archit Forum, 1966, 122:58-62.

[3]　Arun Sundararajan. The Sharing Economy: The End of Employment and the Rise of Crowd-Based Capitalism[M]. Cambridge: The MIT Press, 2016.

[4]　Bardhi F, Eckhardt G. M. Access-based Consumption: The Case of Car Sharing [J]. Journal of Consumer Research, 2012,39(4).

[5]　Barney Warf, Santa Arias. The Spatial Turn: Interdisciplinary Perspectives[M]. London: Taylor & Francis, 2008.

[6]　Botsman R, Rogers R. Whats Mine is Yours: The Rise of Collaborative Consumption[M]. New York: Haper Collins, 2010.

[7]　BRE GLOBAL LTD. BREEAM UK New Construction 2018 [EB/OL] . [2019-06-26].
https://www.breeam.com/NC2018/content/resources/output/10_pdf/a4_pdf/print/nc_uk_a4_print_mono/nc_uk_a4_ print_mono.pdf.

[8]　Corbusier L, Eardley A. The Athens Charter [M]. New York: Grossman Publishers, 1973.

[9]　DGNB-System-2018-EN [EB/OL]. https://static.dgnb.de/fileadmin/en/dgnb_system/services/request-criteria/DGNB-System-2018-EN.pdf.

[10]　（美）Edward W. Soja. 后大都市：城市和区域的批判性研究 [M]. 李钧，等，译 . 上海：上海教育出版社 ,2006: 123.

[11]　European Commission. "Communication from the Commission to the European Parliament, The Council, The European Economic and Social Committee and The Committee of the Regions" [EB/OL]. [2018-03-01].http://www.kantei.go.jp/jp/singi/ it2/senmon_ bunka/shiearingu1/dai1/sankou1_1.Pdf.

[12]　Felson M, Spaeth J. L. Community Structure and Collaborative Consumption: A Routine Activity Approach[J]. American Behavioral Scientist，1978, 23（21）.

[13]　Friedma A, Zimring C, Zube E.Environmental Design Evaluation[M].New York,Plenum Press,1978.

[14]　Futurafrosch, Duplex Architekten, etc. Cooperative Housing in Zurich[J], Detail 2016(2).

[15]　Harvey, David. The Conditions of Postmodernity: An Inquiry into the Origins of Cultural Change[M]. Oxford: Blackwell，1989.

[16] Henri Lefebvre. The Production of Space[M]. Donald Nicholson-Smith, Trans. Oxford: Blackwell,LTD，1991.

[17] HR&A. WeWork's 2019 Impact Report [R]，2019.

[18] Ikkala T, Lampinen A. Monetizing Network Hospitality: Hospitality and Sociability in the Context of Airbnb[M]// In Proceedings of the 18th ACM Conference on Computer Supported Cooperative Work & Social Computing. New York: ACM, 2015.

[19] James Marston . Form Evokes Function [J]. Time，1960，75（23）: 76.

[20] Rem Koolhaas. Delirious New York: A Retroactive Manifesto for Manhattan[M]. The Monacelli Press, LLC, 2014.

[21] Kevin Lynch. Good City Form [M]. Cambridge: The MIT Press, 1981.

[22] Mclaren D , Agyeman J . The Sharing City: Understanding and Acting on the Sharing Paradigm: A Case for Truly Smart and Sustainable Cities[M], 2016.

[23] （美）N. 维纳 . 控制论 [M]. 郝季仁 , 译 . 北京 : 科学出版社 , 2016.

[24] NACTO. Streets for Pandemic Response and Recovery[R] ,2020.

[25] Overstreet K. Social Distancing in a Social House: How Co-living Communities are Designed to Handle COVID-19 [N]. ArchDaily,2020.

[26] Parshall, Steven A, William M. Pena Post Occupancy Evaluation as a form of Return Analysis[J]. Industria Development, 1983: 32-34.

[27] Preiser W.F.E. Post Occupancy Evaluation: How to Make Buildings Work Better. Facilities, 1995, 13(11) : 19-28.

[28] Preiser W, Vischer J. Assessing Building Performance[M]. London: Taylor & Francis Group, 2005.

[29] Sassen S. The Global City:New York, London, Tokyo[M]. Princeton: Princeton University Press, 2013.

[30] US Green Building Council . LEED: Reference Guide for Building Design and Construction[Z]. Washington : 2013.

[31] Vulliamy. "Medellín, Colombia: Reinventing the World's Most Dangerous city" [N]. The Guardian,2013.

[32] Warf, Barney ,Santa Arias. The Spatial Turn: Interdisciplinary Perspectives[M]. London: Routle, 2009.

[33] （美）威廉 · H. 怀特（Whyte W. H）. 小城市空间的社会生活（The Social Life of Small Urban Spaces）[M]. 叶齐茂 , 倪晓晖 , 译 . 上海 : 上海译文出版 , 2016.

[34] Yamamoto R, Shop F. Community Area Model [J]. Koreisha Magazine,2013.

[35] Zieleniec, Andrzej. Space and Social Theory[M]. London: Sage Publications, 2007.

[36] （意）阿尔多 · 罗西 . 城市建筑学 [M]. 黄士钧 , 译 . 北京 : 中国建筑工业出版社 , 2006.

[37] （英）埃比尼泽 · 霍华德 . 明日的田园城市 [M]. 金经元 , 译 . 北京 : 商务印书馆 , 2010.

[38] 包亚明 . 现代性与空间的生产 [M]. 上海 : 上海教育出版社 , 2003.

[39] （美）大卫 · 哈维 . 巴黎城记 : 现代性之都的诞生 [M]. 黄煜文 , 译 . 桂林 : 广西师范大学出版社 , 2010.

[40] 《大师》编辑部 . 菲利普 · 约翰逊 [M] . 武汉 : 华中科技大学出版社 , 2007:200.

[41] （美）戴维 · 哈维 . 叛逆的城市 : 从城市权利到城市革命 [M]. 叶齐茂 , 倪晓晖 , 译 . 北京 : 商务印书馆 , 2014.

[42] 邓丰 . 形式追随生态——当代生态住宅表皮设计研究 [M]. 北京 : 中国建筑工业出版社 , 2015:30.

[43] 范路 . 从钢铁巨构到"空间—时间"——吉迪恩建筑理论研究 [J]. 世界建筑 , 2007(5):125-131.

[44]　龚喆，李振宇，（德）菲利普 · 米萨尔维茨 . 柏林联建住宅 [M]. 北京：中国建筑工业出版社，2016.

[45]　顾闻，李振宇 . 欧洲共享住宅的发展历程和共享模式探究 [J]. 城市建筑，2018(34):70-73.

[46]　过俊 .BIM 在国内建筑全生命周期的典型应用 [J]. 建筑技艺 ,2011(Z1):95-99.

[47]　郭昊栩 . 岭南高校教学建筑使用后评价及设计模式研究 [M]. 北京：中国建筑工业出版社 ,2013.

[48]　国家信息中心分享经济研究中心 . 中国共享经济发展报告 [R], 2020.

[49]　韩静，胡绍学 . 温故而知新 ——使用后评价 (POE) 方法简介 [J]. 建筑学报，2006(1): 80-82.

[50]　（美）汉娜 · 阿伦特 . 人的境况 [M]. 王寅丽译 . 上海：上海人民出版社，2009.

[51]　（法）亨利 · 列斐伏尔 . 空间与政治 [M]. 李春，译 . 2 版 . 上海：上海人民出版社，2015.

[52]　华黎 . 四分院设计 [J]. 建筑学报，2015(11):82-87.

[53]　IBR 深圳市建筑科学研究院有限公司 . 共享 . 一座建筑和她的故事（第 1 部）——共享设计 [M]. 北京: 中国建筑工业出版社，2009.

[54]　（美）柯林 · 罗，（美）罗伯特 · 斯拉茨基 . 透明性 [M]. 金秋野，王又佳，译 . 北京：中国建筑工业出版社，2008.

[55]　李阿萌，张京祥 . 城乡基本公共服务设施均等化研究评述及展望 [J]. 规划师，2012(11): 5-11.

[56]　李炳炎，徐雷 . 共享发展理念与中国特色社会主义分享经济理论 [J]. 管理学刊，2017,30(4):1-9.

[57]　李麟学 . 热力学建筑原型 [M]. 上海：同济大学出版社，2019.

[58]　李明伍 . 公共性的一般类型及其若干传统模型 [J]. 社会学研究，1997(4):110-118.

[59]　（美）罗宾 · 蔡斯 . 共享经济：重构未来商业新模式 [M]. 王芮，译 . 杭州：浙江人民出版社，2015.

[60]　李振宇，邓丰 . 形式追随生态 ——建筑真善美的新境界 [J]. 建筑学报，2011(10):95-99.

[61]　李振宇 . 形式追随共享：当代建筑的新表达 [J]. 人民论坛 · 学术前沿，2020(4):37-49.

[62]　李振宇，朱怡晨 . 迈向共享建筑学 [J]. 建筑学报，2017(12):60-65.

[63]　联合国 . 新城市议程 [EB/OL].2016-10-20[2020-01-31]. http://habitat3.org/wp-content/uploads/NUA-Chinese.pdf.

[64]　梁思思 . 建筑策划中的预评价与使用后评估的研究 [D]. 北京：清华大学，2006.

[65]　刘敏 . 注重理性思维的培养 ——对《建筑策划》课程教学的思考与总结 [J]. 新建筑 . 2009(5): 106-109.

[66]　刘敏，郝志伟，朱佳桦，张克 . 嵌入建筑策划理论和方法的历史街区更新策略研究 —— 以九江市庾亮南路整体更新设计为例 [J]. 建筑与文化 ,2019(1):135-138.

[67]　刘念雄，秦佑国 . 建筑热环境 [M]. 北京：清华大学出版社，2005.

[68]　刘先觉 . 密斯 · 凡德罗 [M]. 北京：中国建筑工业出版社，1992:73.

[69]　卢希鹏 . 随经济：共享经济之后的全新战略思维 [J]. 人民论坛 · 学术前沿，2015(22):35-44.

[70]　吕本富，周军兰 . 共享经济的商业模式和创新前景分析 [J]. 人民论坛 · 学术前沿，2016(7):88-95.

[71]　迈克 · 迪尔 . 后现代血统：从列斐伏尔到詹姆逊 [M]// 包亚明 . 现代性与空间的生产 [M]. 上海：上海教育出版社，2002.

[72]　门胁耕三，王也，许懋彦 . "共享" ——近代社会重组的催化剂 [J]. 城市建筑，2016 (4):12-19.

[73]　聂亦飞 . 赫曼 · 赫兹伯格的"多价性空间"建筑观念及实践的研究 [D]. 西安：西安建筑科技大学，2014.

[74]　乔洪武，曹希 . 新型城镇化建设必须重视空间正义 [N]. 光明日报，2014-06-18.

[75]　秦曙，章明，张姿 . 从工业遗地走向艺术水岸 2019 上海城市空间艺术季主展区 5.5 km 滨水岸线的更新实践中公共空间公共性的塑造和触发 [J]. 时代建筑，2020(1):80-87.

[76]　屈张 . 新加坡的共享建筑和城市实践 —— 以新一代公共住房项目为例 [J]. 城市建筑 ,2019,16(31):86-90.

[77]　任晓慧 . 基于互联网思维的建筑策划研究 [D]. 哈尔滨：哈尔滨工业大学 ,2017.

[78]　（英）斯蒂芬·马歇尔 . 街道与形态 [M]. 苑思楠，译 . 北京：中国建筑工业出版社 ,2011

[79]　谭峥 . 拱廊及其变体 ——大众的建筑学 [J]. 新建筑 ,2014(1):40-44.

[80]　谭峥 . 新城市主义的三种面孔 ——规范、方法与参照 [J]. 新建筑 , 2017(4):4-10.

[81]　涂慧君，苏宗毅 . 大型复杂项目建筑策划群决策的决策主体研究 [J]. 建筑学报 ,2016(12):72-76.

[82]　涂慧君 . 建筑策划学 [M]. 北京：中国建筑工业出版社 , 2017.

[83]　（美）威廉·J. 米切尔 . 伊托邦：数字时代的城市生活 [M]. 吴启迪，乔非，俞晓，译 . 上海：上海科技教育出版社 ,2001.

[84]　（古罗马）维特鲁威 . 建筑十书 [M]. （美）L.D. 罗兰，英译 . 陈平，中译 . 北京：北京大学出版社 ,2017.

[85]　吴宁 . 列斐伏尔的城市空间社会学理论及其中国意义 [J]. 社会 ,2008(2)：112-127+222.

[86]　许凯 ,Klaus Semsroth. "公共性"的没落到复兴 ——与欧洲城市公共空间对照下的中国城市公共空间 [J]. 城市规划学刊，
　　　2013, 208(3): 65-73.

[87]　许懋彦，镜壮太郎，青山周平，王旭，唐康硕，程艳春，崔斌 . "日本建筑·空间共享"主题沙龙 [J]. 城市建筑，
　　　2016(4):6-11.

[88]　薛飞，刘少瑜 . 共享空间与宜居生活 ——新加坡实践经验 [J]. 景观设计学，2017, 5(3):8-17.

[89]　颜婧宇 . Uber(优步) 启蒙和引领全球共享经济发展的思考 [J]. 商场现代化 , 2015(19):13-17.

[90]　羊烨，李振宇，郑振华 . 绿色建筑评价体系中的"共享使用"指标 [J]. 同济大学学报 (自然科学版),2020,48(6):779-787.

[91]　杨宇振 . 居住作为进入城市的权利——兼谈《不只是居住》[J]. 时代建筑 , 2016 (6)：78-8.

[92]　袁小宜，叶青，刘宗源，沈粤湘，张炜 . 实践平民化的绿色建筑——深圳建科大楼设计 [J]. 建筑学报 ,2010(1):14-19.

[93]　张京祥，陈浩 . 中国的压缩城市化环境与规划应对 [J]. 城市规划学刊，2010(6)：10-21.

[94]　张京祥，胡毅 . 基于社会空间正义的转型期中国城市更新批判 [J]. 规划师 ,2012,28(12):5-9.

[95]　张永和，尹舜 . 城市蔓延和中国 [J]. 建筑学报，2017(8)：1-7.

[96]　张宇星 . 城中村作为一种城市公共资本与共享资本 [J]. 时代建筑 , 2016(6)：15-21.

[97]　张宇星 . 终端化生存 后疫情时代的城市升维 [J]. 时代建筑 ,2020(4):90-93.

[98]　郑志来 . 共享经济的成因、内涵与商业模式研究 [J]. 现代经济讨 ,2016(3):32-36.

[99]　知识共享韩国 . 首尔共享城市：依托共享解决社会与城市问题 [J]. 景观设计学 , 2017, 5(3):52-59.

[100]　庄惟敏，党雨田 . 使用后评估：一个合理设计的标准 [J]. 住区 ,2017(1):132-135.

[101]　庄惟敏，梁思思，王韬 . 后评估在中国 [M]. 北京：中国建筑工业出版社 ,2007.

[102]　庄惟敏，张维，梁思思 . 建筑策划与后评估 [M]. 北京：中国建筑工业出版社 ,2018.

[103]　中华人民共和国住房和城乡建设部 . 绿色建筑评价标准：GB/T 50378—2019 [M]. 北京：中国建筑工业出版社 , 2019.

[104]　夏征农，陈至立 . 辞海：彩图版 [M]. 6 版 . 上海：上海辞书出版社 ,2009.

[105]　诸大建 . 搞好共享单车需要理论探索 [N]. 文汇报 ,2017-04-19(5).

[106]　诸大建 . 拥有但是分享，利己同时利他 [N]. 解放日报 ,2017-08-16(11).

[107]　诸大建，佘依爽 . 从所有到所用的共享未来——诸大建谈共享经济与共享城市 [J]. 景观设计学 ,2017,5(3):32-39.

[108]　朱小雷，吴硕贤 . 使用后评价对建筑设计的影响及其对我国的意义 [J]. 建筑学报 ,2002(5):42-44.

[109]　朱怡晨，李振宇 . 布景·在场·共享：滨水工业遗产作为城市景观的演进 [J]. 中国园林 ,2021,37(8):86-91.

[110]　朱怡晨，李振宇 . 作为共享城市景观的滨水工业遗产改造策略——以苏州河为例 [J]. 风景园林 ,2018,25(9):51-56.

致谢

Acknowledgement

很高兴把我们关于共享建筑学的第一本书，作为教材首先出版。这是研究团队成员的身份和感情所致，也是学校和出版社督促的结果。本书的出版，得到了国家自然科学基金、同济大学双一流建设计划的资助，也得到了多方面的关心和支持。

首先要感谢三位序言作者：吴志强院士五年来一直站在学科发展的高度关心共享建筑学框架的建构，并推动团队理论与实践相结合；诸大建教授亲自担任了研究团队的顾问，从"少费多用"的角度鼓励交叉研究，与可持续发展紧密相连；李翔宁院长热情支持共享建筑学研究与本科生研究生设计结合，并且在建筑理论角度高度评价我们的共享建筑研究；还要感谢孙彤宇教授，建议将本书作为教材出版，并担任主审。

感谢郑时龄、何镜堂、常青、汪孝安、沈迪、孙一民、张鹏举、钱锋等各位院士大师给予研究团队热情的指导；感谢曹嘉明、伍江、仲德崑、张利、袁烽、黄居正、支文军、郑韶武、徐经国、刘恩芳、陈一新、高崎、王骏等教授、学者为我们的工作提供了重要的学术帮助。

感谢王路、曹献坤、陶洪建、武耀廷、刘明、邹文涛、周聪、董乐、李卫东、张海东、邹云龙、王伟民、周建军等专家对共享建筑理念的认可和拓展。

感谢中国建筑工业出版社陈桦主任、柏铭泽责任编辑等对本书写作出版过程中的悉心帮助；感谢都市实践、Open Architecture、Duplex Architects、MVRDV 等建筑设计事务所授权提供的案例图片；感谢四叶草堂、凤凰卫视《设计家》栏目、原作工作室提供的视频素材。

　　感谢同济大学建筑与城市规划学院"建筑策划与类型学研究"学科团队全体教师的教学探索与团结合作；感谢杨凡、范凌、何勇等专家对共享建筑设计课程建设的专业帮助；感谢参加相关课程教学的全体师生。

　　感谢同济大学建筑设计研究院汤朔宁、王健等领导对共享建筑设计方向的关心，感谢成立建筑师为共享建筑工作室的创立发展所作贡献，也感谢工作室全体成员的不懈努力和创新实践。

　　最后，衷心感谢参加本书写作和制作的全体成员；衷心感谢所有对本书研究、写作和出版给予热情帮助的前辈、同仁和朋友们。

李振宇

2022 年 9 月 30 日

图书在版编目（CIP）数据

共享建筑学导论 = Introduction to Sharing Architecture / 李振宇等著.—北京：中国建筑工业出版社，2022.9（2023.12重印）

高等学校建筑学专业前沿课程系列教材
ISBN 978-7-112-27615-8

Ⅰ.①共… Ⅱ.①李… Ⅲ.①建筑学—高等学校—教材 Ⅳ.①TU-0

中国版本图书馆CIP数据核字（2022）第121050号

为了更好地支持相应课程的教学，我们向采用本书作为教材的教师提供课件，有需要者可与出版社联系。
建工书院：http://edu.cabplink.com
邮箱：jckj@cabp.com.cn 电话：（010）58337285

责任编辑：陈 桦 柏铭泽
责任校对：赵 菲

高等学校建筑学专业前沿课程系列教材
共享建筑学导论
Introduction to Sharing Architecture
李振宇 等 著
＊
中国建筑工业出版社出版、发行（北京海淀三里河路9号）
各地新华书店、建筑书店经销
北京海视强森文化传媒有限公司制版
天津图文方嘉印刷有限公司印刷
＊
开本：889毫米×1194毫米 1／16 印张：14 字数：234千字
2022年10月第一版 2023年12月第二次印刷
定价：**89.00**元（赠教师课件）
ISBN 978-7-112-27615-8
（39674）